高等院校计算机应用技术规划教材

网页设计与制作三合一（CS3）

主　编　姚　琳
副主编　高秀金
编　著　张　虹　冯　瑶　张　琦　黄宝贞
　　　　高秀金　姚　琳　于　静

中国铁道出版社
CHINA RAILWAY PUBLISHING HOUSE

内 容 简 介

本书介绍了如何使用 Fireworks CS3 设计网页图像，使用 Flash CS3 制作网页动画以及使用 Dreamweaver CS3 将零散的网页元素组合成网站。

本书共分为 9 章，主要包括网页设计基础、HTML 基础、Dreamweaver 基本操作、Dreamweaver 高级操作、CSS 样式表、JavaScript 网页特效、Fireworks 图像处理、Flash 动画制作、网站设计与制作综合实例等内容。

本书突出"网页制作三剑客"基础知识和操作技能，并注意到了三个软件之间功能的交互与综合，真正做到了理论与实践相结合。通过本书的学习，可以使读者掌握网站制作的基本技术并学会使用相关工具美化及优化网站的方法。

本书结构编排合理，图文并茂，实例丰富，适合作为高等院校的网页制作教材，也可以作为网页制作人员的参考资料。

图书在版编目（CIP）数据

网页设计与制作三合一：CS3/姚琳主编. —北京：中国铁道出版社，2008.10
高等院校计算机应用技术规划教材
ISBN 978-7-113-08851-4

Ⅰ. 网… Ⅱ. 姚… Ⅲ. 主页制作－图形软件，Fireworks CS3、Flash、Dreamweaver CS3－高等学校：技术学校－教材 Ⅳ. TP393.092

中国版本图书馆 CIP 数据核字（2008）第 144475 号

书　　名：网页设计与制作三合一（CS3）
作　　者：姚　琳　主编

策划编辑：严晓舟　秦绪好
责任编辑：崔晓静　　　　　　　　　编辑部电话：(010) 63583215
编辑助理：高婧雅
封面设计：付　巍　　　　　　　　　封面制作：白　雪
责任校对：姚文娟　　　　　　　　　责任印制：李　佳

出版发行：中国铁道出版社（北京市宣武区右安门西街 8 号　　邮政编码：100054）
印　　刷：中国铁道出版社印刷厂
版　　次：2008 年 10 月第 1 版　　　2008 年 10 月第 1 次印刷
开　　本：787mm×1092mm　1/16　印张：16.5　字数：386 千
印　　数：5 000 册
书　　号：ISBN 978-7-113-08851-4/TP • 2862
定　　价：24.00 元

前　言

网站是 Internet 提供服务的门户和基础，而网页是宣传网站的重要窗口。内容丰富、制作精美的网页会吸引访问者浏览，这是网站生存和发展的关键。网站的建立需要结合使用多种软件完成。网页制作包括网站定位、网页配色、网页布局、网页图像设计、网站动画制作以及将所有网页元素组合为一个网页等工作，并且还需要通过超链接将其组成一个网站。

本书介绍了如何使用 Fireworks CS3 设计网页图像，使用 Flash CS3 制作网页动画以及使用 Dreamweaver CS3 将零散的网页元素组合成网站。

本书共分为 9 章，各章内容概括如下：第 1 章，介绍网页设计的基本概念、网页制作的常用软件与编程语言，并使读者初步了解网页设计的基本原则及网站建设的流程；第 2 章，讲解 HTML 基础，包括 HTML 文档的基本结构、文本格式应用、超链接、表格、表单等知识，并且根据这些知识点提供了丰富的实例和课后练习；第 3 章和第 4 章，分别讲解 Dreamweaver CS3 的基本操作和高级操作，介绍了构建网页的主要元素，核心是学习使用开发工具创建站点并快捷地制作出美观得体的网页；第 5 章，介绍如何使用 CSS 技术控制网页页面的显示效果，包括三种样式表功能的介绍以及样式表的常用属性、网页元素的定位、链接样式的灵活控制等内容；第 6 章，讲解 JavaScript 网页特效的实现，重点介绍了 JavaScript 的基本语法，JavaScript 的对象，并选择了几个典型实例对 JavaScript 的丰富功能进行展示；第 7 章，介绍图形处理工具 Fireworks CS3，包括 Fireworks CS3 的简介及基础操作，使用 Fireworks 对图片进行优化和切片，静态图片的绘制以及动态按钮和菜单的制作，还介绍了使用 Fireworks CS3 制作简单帧动画，最后给出一个比较综合的实例讲解如何使用 Fireworks CS3 制作有个性的网站首页；第 8 章，讲解如何使用 Flash CS3 制作动画，涉及使用 Flash CS3 绘制图片、动画绘制、Flash 编程以及将 Flash 应用到网页中的相关知识；第 9 章，主要讲解一个网页设计与制作的综合实例，通过"校园跳蚤市场"网站的制作范例，读者一方面可以总结网页制作的技巧，另一方面也可以掌握制作网站的工作流程。

本书突出"网页制作三剑客"基础知识和操作技能，并注意了三个软件之间功能的交互与综合，真正做到了理论与实践相结合。通过本书的学习，读者可以掌握网站制作的基本技术并学会使用相关工具美化及优化网站的方法。

本书结构编排合理，图文并茂，实例丰富，适合作为高等院校的网页制作教材，也可以作为网页制作人员的参考资料。

本书由姚琳担任主编，由高秀金担任副主编。第 1 章和第 2 章由张虹编写，第 3 章和第 8 章由冯瑶、张琦编写，第 4 章由黄宝贞编写，第 5 章和第 7 章由高秀金、姚琳编写，第 6 章和第 9 章由于静编写。全书由姚琳、高秀金统稿并定稿。

由于时间仓促，水平有限，疏漏和不足之处在所难免，敬请读者批评指正。

编　者
2008 年 7 月

目 录

第 1 章　网页设计基础

Internet 是目前世界上应用最广的计算机网络，它已成为一个全球性的综合信息网。Internet 上信息的基本组织形式是网页和网站，因此具备网页与网站设计的基本技能就显得非常必要。

网页设计与制作是一门综合技术。本章将介绍网页和网站设计与制作的基础知识，包括网页基本元素、网站规划与设计、网页制作常用软件等。

1.1　网页设计中的基本概念

1.1.1　WWW 基础

WWW（world wide web，万维网）是 Internet 上基于客户端/服务器体系结构的分布式多平台的超文本超媒体信息服务系统。它利用超文本（hypertext）、超媒体（hypermedia）等技术，用户通过浏览器可以方便地检索远程服务器上的文本、图片、声音以及视频文件。

从 WWW 中信息的组织、显示和浏览方式看，WWW 具有以下特点：

（1）WWW 是一种超文本链接信息系统

所谓超文本，就是按照人脑的联想思维方式非线性地组织、管理信息的一种技术。它使得文本的组织形式不再像普通的书一样是固定的、线性的，而是可以从一个位置任意地跳转到另外的位置，从而可以获得更多的信息和主题。想了解某个主题的内容，只要单击这个主题，就可以跳转到包含这一主题的文档上。对于这种多链接性，人们将其称为 WWW。

（2）WWW 是图形用户界面

WWW 流行的一个很重要的原因在于它可以在同一网页上同时显示色彩丰富的图形和文本的性能，WWW 具有将图形、音频和视频信息结合于一体的特性。在 WWW 之前，Internet 上的信息为纯文本形式。

（3）WWW 与系统平台无关

在 Windows 及 UNIX 等其他操作系统平台上都可以访问 WWW。对 WWW 的访问是通过浏览器（browser）应用软件来实现的。例如，比较流行的浏览器有 Netscape 的 Navigator、Microsoft 的 Internet Explorer 等。

（4）WWW 是分布式的

大量的图形、音频和视频信息会占用大量的磁盘空间，人们甚至无法预知信息到底有多少。对于 Web 来说，没有必要把所有信息放在一起，信息可以放在不同的站点上，只需要在浏览器中指明这个站点即可，这使得在物理上不在一个站点的信息，从逻辑上看是一体的。

（5）WWW 采用动态网页

网站上的信息存储在发布它的站点上，因此发布这些信息的人随时可以更新这些信息的内容。每一个网站的后台，都有大量的工作人员时刻在更新站点的信息内容。这种动态的、随时更新的信息传播方式，使得 Web 网站的存在变得非常有价值。

（6）WWW 采用交互式的浏览方式

在 WWW 上的信息传递是双向的。用户并非只是被动地接收媒体传输过来的信息，而是对所要看的信息有充分的选择权。一方面，用户可以根据自己的爱好和兴趣选择浏览对象，链接到不同的网页上；另一方面，在从服务器上获取信息的同时，用户也可以传递信息给服务器或其他信息用户。

1.1.2 网页

网页（web page）是按照网页文档规范编写的一个或多个文件，它可以在 WWW 上传输，并被浏览器翻译成页面显示出来。网页一般由一个超文本文件及相关的图形和脚本文件组成，这些文件被保存在特定计算机的特定目录中。几乎所有的网页都包含链接，可以方便地跳转到其他相关网页或相关网站。网页通常以网页文件及其附属文件的形式存在。网页文件是 WWW 的基础文档，通常是用 HTML 设计的。其他网页元素，如图像、声音等都是以独立文件形式存在的，通过在网页中设置一些链接形成引用关系。

1.1.3 网站

网站（web site）是一组相关网页以及有关的文件、脚本和数据库等内容的有机集合，即若干个网页文件经过规划组织后彼此相连而形成完整结构的信息服务体系。

网页是网站的基本信息单元。网站通过 WWW 上的 HTTP 服务器提供服务。网站上的网页集合以及其他文件的入口页或起始页称为主页（home page）。

WWW 由众多网站组成。网站被存放在某台计算机上，而这台计算机必须是与互联网相连的。网页经由网址（URL）来识别与存取，URL 指明了特定的计算机和路径名，用户通过它可对信息资源进行访问。当用户在浏览器中输入网址后，在 HTTP 协议下将资源在结点间传输，网页文件会被传送到用户计算机中，再通过浏览器解释网页的内容，并展示给用户。

1.2 网页基本元素

构成网页的常见元素主要有文本、图片、超链接、动画、音乐、表单等。图 1-1 所示为一个站点的首页。

1. 文本

网页中大多数的信息主要以文本方式显示。文本不像图片那样可以直接而快速地吸引浏览者注意，但是它能够准确地表达信息的内容和含义。

为了克服文字固有的缺点，可在网页中对文本设置更多的属性，如字体、字号、颜色、底纹和边框等，通过不同格式的区别，突出显示重要的文本内容。此外，用户可以在网页中设计各种文字列表，对文字内容进行合理的组织和定位，清晰表达一系列的项目。

2．图片

图片是实现网页图文并茂的主要手段。根据网页的整体布局和设计风格，合理插入一些图片或动画，将会使网页更加丰富多彩、形象生动。

由于受到网络带宽的限制，在网页上使用的图像文件都是一些压缩格式，常用的文件格式包括 GIF 格式、JPEG 格式、PNG 格式以及矢量格式，其中最常用的是 GIF 格式和 JPEG 格式。

图 1-1　网页基本元素

3．超链接

超链接技术是 WWW 流行起来的重要原因，它是实现超文本的主要方式。超链接在 WWW 中实现"跳转"功能，其方式有三种：在同一个网页中跳转到不同点；在同一个网站中，从一个网页跳转到另一个网页中；从一个网站中的某个网页跳转到另一个网站中的网页。

超链接的热点通常是文本、图片或图片中的某个区域，也可以是一些不可见的程序脚本。网页中，带下画线的文字通常是已经建立了超链接的文本。

4．动画

为了使网页看起来更生动活泼，也能更高效地吸引浏览者的注意，网站可以采用动画的形式增加吸引力。网页中的动画主要有两种形式：GIF 动画和 Flash 动画，其中 GIF 动画有 256 种颜色，主要用于简单动画和图标。

5．声音和视频

声音是多媒体网页的一个重要组成部分。网页中添加声音要考虑多方面的问题，包括用途、格式、文件大小、声音品质和浏览器差别等。不同浏览器对于声音文件的处理方式不同，彼此之间可能不兼容。用于网络的声音文件格式非常多，常用的有 MIDI、WAV、MP3、RM 等，其中 MIDI、WAV 等格式文件在浏览器中不需要特殊插件也可以播放，但是 MP3、RM 等格式文件则需要专门的浏览器播放。

视频文件格式也很多，常见的有 RealPlay、MPEG、AVI 和 DivX 等，视频文件的使用可以让网页变得精彩而有动感。

6. 导航栏

导航栏用于引导浏览者游历网站。实际上，导航栏就是一组超链接，这组超链接的目标就是本站点的主页以及其他重要网页。一般可以为网站设计一个导航栏来帮助浏览者方便快捷地转向网站中人们所关注的网页内容。

一般来说，导航栏应该放置在比较显著的位置上，如网站首页的顶部或一侧。导航栏可以设计成文本链接，也可以设计成图片按钮。

7. 表格

表格主要用于控制网页中信息的布局方式，主要作用表现在：一方面使用行和列的形式来布局文本和图像以及其他的列表化数据；另一方面可以使用表格来精确控制各种网页元素在网页中出现的位置。

8. 表单

表单通常用来接收用户在浏览器端的输入，然后将这些用户信息发送到网页设计者设置的目标端。这个目标文件可以是文本文件、Web 页、电子邮件，也可以是服务器端的应用程序。表单一般用来收集联系信息，接受用户要求，获得反馈意见，比如登录、注册会员等。

表单根据功能和处理方式的不同，可以分为用户反馈表单、留言簿表单、搜索表单和用户注册表单等。

9. 网页特效

网页特效可使网页呈现出各种特殊的动态效果，使网页更加活泼，表现力更强。最常见的网页特效有跟随鼠标移动的文字或图像、自动弹出窗口等。目前常用的实现网页特效的脚本语言有 JavaScript、VBScript 等。

10. 网页交互元素

网页交互元素是实现用户浏览器端与 WWW 服务器端进行信息交互的主要手段。常见的交互元素有用户注册或登录、信息搜索、网上购物、在线聊天等。目前，网页交互功能是通过 ASP、JSP 等结合 ADO 实现的。

1.3 网页制作常用软件与编程语言

网页设计涉及的技术多种多样，根据网页要表达的内容不同，应用的技术也不一样。下面根据网页内容介绍其相对应的网页制作的常用软件和编程语言。

1.3.1 静态网页编程语言

所谓静态网页，是指网页内容不会随着浏览者的不同或浏览时间等的不同而变化，要改变网页的内容，必须由设计者在设计状态下改变。常用的静态网页设计脚本语言包括 HTML、XML 和 CSS 等。

1．超文本置标语言

超文本置标语言（hypertext markup language，HTML）是网页设计的基础，是初学者必须学习的内容。虽然现在有很多所见即所得的网页编辑工具，但了解 HTML 的语法还是很有必要的，因为 HTML 可以更加精确地控制页面元素的布局，可以实现更多的功能。

HTML 是表示网页的一种规范，它通过标记符定义了网页元素的显示格式。在文本文件的基础上，增加了一系列描述文本格式、颜色等的标记符，再加上声音、动画甚至视频等，使网页可以形成更加精彩的画面。另外，HTML 是一种发展迅速、功能强大的语言，它以简单精炼的语法和极强的通用性，使网页设计者能够充分发挥才能，将丰富多彩的信息以多样的形式展现在人们面前。

HTML 的工作原理是当用户通过浏览器浏览网上信息时，服务器会将相关的 HTML 文件传送到浏览器上，浏览器按顺序读取 HTML 文档，然后解释 HTML 标记符，并显示为网页内容的相应格式。

2．可扩展置标语言

可扩展置标语言（extensible markup language，XML）可以很方便地对结构化数据进行描述，它允许用户定义自己的标记符，提供了一个直接处理 Web 数据的通用方法，具有广阔的应用前景，对传统的网页设计将有较大的帮助。

XML 是一种类似于 HTML 的、用来描述数据的语言，而 HTML 是关于如何显示数据的语言。在 HTML 中所有的标记符和文档结构都是预先定义好的，用户只能使用这些标准的 HTML 标记符，而 XML 允许用户定义自己的标记符和自己的文档结构，因此 XML 是可扩展的。另外，XML 不是 HTML 的一种替代产品，将来网页设计的趋势将是由网站的开发者使用 XML 来描述网站所需的数据和网站结构，而用 HTML 格式化显示这些数据。

良好的数据存储格式、可扩展性、高度结构化、便于网络传输是 XML 的四个主要特点，这些特征使得 XML 在电子商务、出版、厂商等领域中发挥作用。

3．层叠样式表

层叠样式表（cascading style sheet，CSS）技术是一种格式化网页的标准方式，它是 HTML 功能的扩展，使网页设计者能够以更有效的方式设计出更具有表现力的网页。它的主要特征如下：
- 对文本的格式进行精确控制。
- 在文件中实现格式的自动更新。
- 对现有的标记格式进行重新定义。
- 自行将某些格式组合定义为新的样式。
- 将格式信息定义于文件之外。

1.3.2　网页特效脚本语言

应用 HTML 或网页制作软件设计的网页是静态的，而静态网页的缺陷是网页内容对浏览者来说是固定不变的，网页的显示效果缺乏活力。因此，在网页中添加动态效果就显得非常必要。常用的网页特效脚本语言有 JavaScript 和 VBScript 等。

1．JavaScript

JavaScript 是一种基于对象的、动态的、跨平台的、具有简单性和安全性的脚本语言。它的出现弥补了 HTML 的缺陷，其基本结构类似于 C/C++语言，但在程序运行时无须编译。它可以直接对客户输入做出响应，而不经过服务器端程序。

JavaScript 虽然简单，但功能十分强大，主要表现在以下几方面：

- 制作网页特效。
- 实现表单数据客户端的校验。
- 窗口动态操作。

2．VBScript

VBScript 是 Visual Basic 的一个子集，其编程方式和 Visual Basic 基本相同，但在使用时将受到某些限制，如变量类型和作用范围受到限制，它只有一种数据类型，即 Variant 类型，而变量的作用范围只有两种，且 VBScript 变量不能使用 Visual Basic 中的某些内置函数。VBScript 是目前用来实现 ASP 的主要脚本语言之一。

1.3.3　动态交互式网页编程语言

当用户在网上浏览信息时，常常需要与服务器进行某种互动，如输入查询关键字、注册或登录电子邮箱等，通常称包含这些内容的页面为动态交互式网页。常用的动态交互式网页设计技术有 JSP、ASP 等。

1．JSP

JSP（java server pages）是由 Sun Microsystems 公司倡导、许多公司参与建立的一种动态网页技术标准。JSP 技术是用 Java 语言作为脚本语言的，JSP 网页为整个服务器端的 Java 库单元提供了一个接口来服务于 HTTP 的应用程序。

JSP 技术为创建显示动态生成内容的 Web 页面提供了一个简捷而快速的方法。JSP 技术的设计目的是使得构造基于 Web 的应用程序更加容易和快捷，而这些应用程序能够与各种 Web 服务器、应用服务器、浏览器和开发工具共同工作。

JSP 为创建高度动态的 Web 应用提供了一个独特的开发环境。JSP 能够适应市场 85%的服务器产品。JSP 和 ASP 技术都提供在 HTML 代码中混合某种程序代码，由语言引擎解释执行程序代码的能力。在 ASP 或 JSP 环境下，HTML 代码主要负责描述信息的显示样式，而程序代码则用来描述处理逻辑。普通的 HTML 页面只依赖于 Web 服务器，而 ASP 和 JSP 页面需要附加的语言引擎分析和执行程序代码。程序代码的执行结果被重新嵌入到 HTML 代码中，然后一起发送给浏览器。

2．ASP

活动服务器网页（active server page，ASP）是目前非常流行的开放式的 Web 服务器的应用程序开发技术。他将脚本、超文本和强大的数据库访问功能结合在一起，并提供了众多的服务端组件可供程序直接调用。它采用面向对象的编程方法，无须编译和链接即可执行，可通过 ActiveX 服务器组件扩充 ASP 的功能。它支持客户端脚本和服务端脚本，一般使用 VBScript 作为默认的脚本语言。ASP 程序的写法容易理解，与网页紧密结合。

1.3.4　网页制作软件

无论是静态脚本语言，还是动态交互式编程语言，在进行网页设计时，都要求用户具有一定的编程基础，这对非计算机专业人士来讲，显然有一定的难度，目前流行的网页编辑软件恰好解决了这个问题。常用的网页制作软件有 Dreamweaver、FrontPage 等。

1. Dreamweaver

Dreamweaver 是目前使用最广泛的网页编辑工具之一，是 Macromedia 公司推出的所见即所得的网页编辑器，支持最新的 DHTML（dynamic HTML，动态 HTML）和 CSS 标准。Dreamweaver 采用了多种先进技术，能够快速高效地创建极具表现力和动感效果的网页，使网页创作过程变得非常简单。Dreamweaver 不仅提供了强大的网页编辑功能，而且提供了完善的站点管理功能，可以说，它是一个集网页创作和管理功能于一身的创作工具，很多专业网页设计师都在使用。

Dreamweaver 最新版本是 Dreamweaver CS3，是一款专业的 HTML 编辑器，用于对 Web 站点、Web 页和 Web 应用程序进行设计、编码和开发。

利用 Dreamweaver 中的可视化编辑功能，用户可以快速地创建页面而无须编写任何代码。但是如果用户更喜欢直接编码，Dreamweaver 还包含许多与编程相关的工具和功能。借助 Dreamweaver 还可以使用服务器技术（如 ASP、ASP.NET、JSP 等）生成支持动态数据库的 Web 应用程序。

Dreamweaver 与 Flash、Fireworks 并称为网页制作三剑客，这三个软件相辅相成，是制作网页的最佳选择。其中，Dreamweaver 主要用来制作网页文件，Flash 用来制作网页动画，Fireworks 用来处理网页中的图形。

2. FrontPage

FrontPage 是 Microsoft 公司开发的设计网页和管理网站的软件，除了所见即所得的编辑功能之外，也可以直接编辑 HTML 标记，让设计者可以轻松地编辑网页。FrontPage 2003 支持最新的网页标准，如 XML、CSS2 等。

FrontPage 还可以利用 Office 套装中其他软件（如 Word 文字编辑软件、Excel 电子报表软件、Access 数据库管理软件等）的功能，实现功能上的互补，从而使制作网页更加方便自如。

1.3.5　网页设计辅助软件

要实现图文并茂、动静结合的网页效果，除了有网页编辑软件之外还需要图形处理软件、动画制作软件等，为网页设计提供了强大的辅助功能。

1. Fireworks

Fireworks 是 Macromedia 公司推出的图形制作工具软件。使用它可以创建和编辑位图、矢量图，还可以非常轻松地实现各种网页设计中常见的效果，如翻转图形、下拉菜单、GIF 动画等，设计完成以后，如果要在网页中使用，可以将其输出为 HTML 文件，也能够输出为可以在 Photoshop、Illustrator 和 Flash 等软件中编辑的格式。

2. Photoshop

Photoshop 是一种最专业、最流行、最常用、使用功能最强大的图形图像处理软件。它一直是绘图编辑的绝对主导软件，主要特点如下：

- 操作界面良好、风格独特，具有典型的应用程序窗口界面和浮动的控制面板。
- 专业图像处理技术和多种设计手段。
- 兼容性强。兼容多种外围设备，可处理多种格式的图形图像文件。
- 帮助快捷，技术资料详细。
- 完整的动态与静态数据交换功能。

3．Flash

Flash 是 Macromedia 公司出品的矢量图编辑和动画制作软件，具有强大的动画制作功能，主要特点如下：

- 体积小。使用了插件技术，缩小了动画文件的大小。声音文件使用的压缩格式在保证高质量声音的同时，也减小了语音文件的大小。
- 动态性高。它是一种流式动画，在 Internet 上可以边下载边运行。
- 简单易学。创建和编辑方法简单，通过使用简单的技术，简化了动画创建的过程。
- 互动性强。通过互动功能使动画与网页有机地结合起来，可以创造出复杂的动画。
- 输出格式灵活。可输出多种格式的电影文件，利用它可创建 Flash 格式的动画、GIF 动画、AVI 动画、MOV 动画及.exe 文件或 Java 动画。

利用 Flash 创建的动画，可以直接嵌入到网页中，也可以直接嵌入到 Visual Basic、Visual C++ 所生成的 Windows 可执行文件中。现在，Flash 已经成为不可或缺的工具。

1.4　网页设计原则

网页是构成网站的基本元素，色彩的搭配、文字的变化、图片的处理等，都应遵循一定的设计原则。网页的设计原则包括以下几点：

（1）页面力求精简，合理安排网页结构

一般网站中的所有内容都可以在首页中找到链接。设计时应以醒目简洁为好，尽量减少图形的数目和颜色的深度，切忌使用过大的图片，主页上的主题颜色一般不超过六种。

（2）巧妙安排图形图像，具有良好浏览导航

善于利用图片的视觉效果能使页面生动活泼，吸引用户浏览。页面上醒目的图像、新颖的画面将会使页面别具特色。利用导航栏引导用户游历站点，用户可以快捷地转向站点的其他页面。

（3）善于运用信息

Internet 上的信息量特别大，有许多的信息可供网页制作者参考、应用。善于运用恰当的信息可使一些网页的制作收到事半功倍的效果。

（4）网页内容应该易读易懂，与企业特点吻合

网页设计应该提供大量的信息供用户选择，能让浏览者在最短的时间内找到要找的东西。网页内容要易读易懂，便于阅读，经常更新。

（5）网页页面越小越好

页面的主体显示速度要快，因为大多数网页是以内容为主，大部分人感兴趣的还是信息量，追求的是速度。因此，网页页面所占的存储空间越小越好。

1.5 网站建设流程

1. 定义合适的域名

由域名构成的网址就像商标一样，有助于塑造企业网上的形象。域名除了要符合企业的性质以及信息内容的特征以外，还要具有简洁、易记、具有冲击力等特点。一个好的域名，可以帮助用户记住企业网站，进而提高网站点击率。

2. 租用虚拟服务器空间

申请域名之后，需要一个空间建立网站，这个空间就是 Internet 上的服务器。

如果将虚拟主机放在国内，则国内用户访问速度快，但国外用户访问就比较慢；如果将虚拟主机放在国外，则国外用户访问速度快，但国内用户访问速度慢。如果希望国内和国外的用户访问速度都快，就需要做双镜像，即在国内和国外同时租用虚拟主机。

一般虚拟主机提供商都能向用户提供大容量、高速度的服务器，用户可以根据网站的内容设置及其发展前景来选择。一个网页所占的磁盘空间大约 20～50KB，10MB 大约可以放置 200～500 个网页，但如果网站中的图片、动画比较多，需要下载文件或有数据库等，就需要多一些空间。一般用户有 50MB 虚拟主机就够了，但是大型企业相应需要的磁盘空间就比较大。

3. 设计页面

网页的设计制作可以自己完成，也可以通过虚拟主机提供商或专业的网页制作商来完成，设计网页前要收集所有需要放在网站上的文本资料、图片信息等，并尽量用文字详细说明制作的框架结构，将设计的材料提供给网页设计者。

4. 网站推广

企业本身必须具有推广网站的意识。在任何出现公司信息的地方都要加上公司的网址，如名片、宣传材料等。另外，搜索引擎等级是目前网站推广的主要方式。通过网络服务商将站点登记到全球知名的搜索引擎和目录服务站中。站点应该尽量在不同地方登记注册，这样就会有更多的用户通过搜索引擎或目录服务站访问到网址，进而访问站点。

网站推广是一项长期的事业，一旦推广深入人心，将会提高企业知名度，进而促进企业发展。所以网站推广是不可忽视的一步。

习 题

1. WWW 的特点有哪些？
2. 简述网页制作软件的常用工具。
3. 设计网页时应遵循哪些原则？
4. 网页的基本元素有哪些？
5. 上网查找关于网页制作和设计方面的内容，概括网页制作流程。

第 2 章 HTML 基础

HTML 是网页制作的基础语言，它是一种用来制作超文本文档的置标语言。用 HTML 编写的超文本文档被称为 HTML 文档。现在有很多所见即所得的网页制作工具，但是这些工具生成的代码仍然以 HTML 为基础。所以掌握一些 HTML 的语法将有利于今后的学习和应用。本章将介绍 HTML 的基本结构和相关的具体应用。

2.1 HTML 文档的基本结构

HTML 是表示网页的一种规范，它通过标记符定义了网页内容的显示格式。在文本文件的基础上，增加一系列描述文本格式、颜色等的标记，再加上声音、动画以及视频等，形成精彩的画面。

当用户通过浏览器浏览网页上的信息时，服务器会将相关 HTML 文档发送到浏览器上，浏览器按照顺序读取 HTML 文档的标记，然后解释 HTML 标记，同时显示相应的格式。

2.1.1 HTML 的基本语法

1. 标记

HTML 文档由标记和被标记的内容组成。标记（tag）可以产生所需要的各种效果。HTML 中的标记名称大多为相应英文单词的首字母或缩写，如 p 表示 paragraph（段落）、img 是 image（图像）的缩写，因此标记很好记忆。标记大多以成对方式出现，格式为：

<标记>受标记影响的内容</标记>

例如，网页的标题对应的标记表示为：

<title>第一个网页的标题</title>

标记的规则有：

- 每个标记都用小于号（<）开始，以大于号（>）结束，如<body>、<html>，以此表示是 HTML 代码而不是普通文本内容。注意，小于号和大于号之间不能留有空格及其他字符。
- 大部分标记都是由开始标记和结束标记组成的。区别在于，结束标记比开始标记在标记名前多一个符号 "/"，例如<body>...</body>中<body>是开始标记，</body>是结束标记。
- 有少数标记只有开始标记，而没有结束标记，比如
、<hr>等。
- 标记本身是不区分大小写的，但是建议标记字母用小写。
- 对于同一段要标记的内容，可以同时使用多个标记共同作用，各标记之间的顺序可以是任意的。

2. 标记的属性

标记规定的信息可以是文本或图片，但对于显示或控制这些信息就需要在标记后面加上相关的属性来表示。每一个标记都有一系列的属性，标记可以通过不同属性来展现各种效果。格式为：

<标记 属性 1="属性值 1" 属性 2="属性值 2"…>受标记影响的内容</标记>

例如，字体标记<font>有设置字体大小的属性 size，设置字体颜色的属性 color 等。具体表示为：

<font size="3" color="green">字体属性演示</font>

属性有以下语法规则：

- 所有的属性都必须写在开始标记里，不同属性之间用空格隔开。但不是所有标记都有属性，如换行符
。
- 每个属性都有其默认值，通常属性值要加双引号（""）或单引号（''）括起来，但如果属性值由字母、数字组成，双引号或单引号可省略。
- 标记的属性可以有选择地使用，属性之间没有顺序的要求。
- 属性名不区分大小写，建议用小写表示。

2.1.2　HTML 文档的基本结构

HTML 文档是一种纯文本格式的文件，其基本结构可以分成如图 2-1 所示的三个部分。

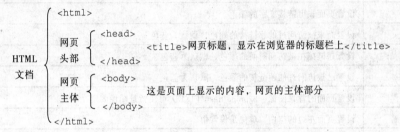

图 2-1　HTML 文档基本结构

HTML 并不要求在书写时缩进，但是为了程序的易读性，一般建议使用标记时首尾对齐，内部的内容向右缩进几格。

1. 文档标记<html>…</html>

<html>…</html>是 HTML 文档的第一个和最后一个出现的标记，用来标识 HTML 文档，其他内容都位于这两个标记之间。<html>处于文档最前面，表示文档的开始，</html>在最后，表示文档的结束。浏览器从<html>开始解释 HTML 文档，直到遇到</html>为止。

2. 文档头标记<head>…</head>

HTML 文档包括头部（head）和主体（body）。

头标记格式：<head>头部标记内容</head>

<head>…</head>标记定义在<html>开始标记之后，</html>结束标记之前，是网页头部的容器标记，其内容可以是网页的标题名、文本文件地址或创作信息等网页说明。<head>…</head>标记在 HTML 文档中不是必需的，没有浏览器也会照常解释文件。

3．文档标题标记<title>...</title>

标题标记格式：<title>网页标题名</title>

<title>...</title>标记用于指定显示在浏览器标题栏中的网页标题。它必须定义在<head>...</head>之间，且一个 HTML 文档只有一个<title>...</title>标记。

头部定义的信息中，能在浏览器标题栏中显示的信息只有标题内容。网页标题可以给浏览者带来很多的方便，它既可以概括网页的内容，又可以在网页加入书签或保存时作为该页面的标志或文件名。另外，搜索引擎中显示的结果也是网页的标题。

4．文档主体标记<body>...</body>

主体标记格式：<body>网页的内容</body>

<body>...</body>标记用来制定 HTML 文档的主体，包括文字、图片、超链接等网络元素所对应的标记都在<body>...</body>标记之间。

<body>...</body>标记有很多属性，可以定义页面的背景图片、背景颜色、文字颜色、超链接的颜色等，这些属性用于设置网页的总体风格。各属性的具体作用如表 2-1 所示。

表 2-1　文档主体标记属性

属　　　性	作　　　　　用
bgcolor	设置页面背景色
text	设置页面非可链接文字的颜色
link	设置尚未被访问过的超链接的颜色，默认为蓝色
alink	设置超链接在被访问瞬间的颜色，默认为蓝色
vlink	设置已被访问过的超链接的颜色，默认为蓝色
background	设置页面的背景图像，bgproperties="FIXED"可使背景图像固定
leftmargin	设置页面左边的空白，单位是像素值
topmargin	设置页面上方的空白，单位是像素值

【例 2-1】创建一个简单的 HTML 文档。

```
<html>
    <head>
        <title>创建第一个网页</title>
    </head>
    <body>
        最简单的网页内容
    </body>
</html>
```

2.1.3　HTML 文档的编辑

目前，常见的网页编辑软件（如 Dreamweaver 等）可通过所见即所得的方式自动生成 HTML 代码，用户只要在此基础上做一些修改即可，这样可以节省大量时间。

下面介绍用记事本来编辑 HTML 文档，具体操作步骤如下：

① 打开记事本。选择"开始"|"程序"|"附件"|"记事本"命令，打开记事本编辑环境。

② 编辑 HTML 文档。按照 HTML 语法规则编辑内容，如图 2-2 所示。

图 2-2　编辑 HTML 文档

③ 保存 HTML 文档。在记事本中选择"文件"｜"保存"命令，在弹出的"另存为"对话框的"保存在"下拉列表框中选择文件要存放的路径；在"文件名"文本框中输入以.html 或.htm 为扩展名的文件名；在"保存类型"下拉列表框中选择"所有文件"选项，如图 2-3 所示。最后单击"保存"按钮将记事本内容保存即可。

④ 浏览 HTML 文档。要浏览已经创建好的 HTML 文档的方法很多，最简单的方法就是双击.htm文件，将会直接在默认的浏览器中打开对应的文件。浏览网页的效果如图 2-4 所示。

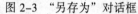

图 2-3　"另存为"对话框

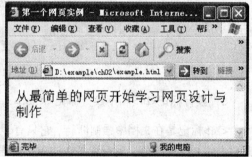

图 2-4　在 IE 浏览器中浏览网页

2.2　文本格式应用

文本是网页的主体内容，文本格式的应用是网页设计过程中最基本、最关键的问题之一。

2.2.1　文本段落格式

1. 注释标记<!--...-->

人们经常要在一些不同代码旁做一些 HTML 注释，这样做的好处很多，如方便查找，方便比对，方便项目组里的其他程序员了解代码，而且可以方便以后你对自己代码的理解与修改等。浏览器忽略此标记中的文字不进行显示。

格式为：

```
<!--注释的内容-->
```

注释不局限于一行，注释内容长度不受限制。结束标记与开始标记可以不在一行上。

2．分段标记<p>...</p>

在一般情况下，正文标记符<body>...</body>之间的文本是以无格式的方式显示的，浏览器会忽略 HTML 文档中的多余空格或回车符，文本显示的行宽是随着浏览器宽度的改变而自动变化的。那么，要将文本划分段落就必须使用换行标记、分段标记等。

分段标记放在一个段落的头尾，用于定义一个段落。<p>...</p>标记不但使标记的文本文字独立成为一段，还可以使段与段之间显示效果上多空一行。格式为：

```
<p align="left | center | right">文字</p>
```

属性 align 用来设置段落在页面中的水平对齐方式。其中 left 为默认取值，表示左对齐；center 表示居中对齐；right 表示右对齐。

【例 2-2】段落标记的使用。其效果如图 2-5 所示。

```
<html>
    <head>
        <title>段落标记示例</title>
    </head>
    <body>
        <p align="center">望月怀远</p>
        <p align="center">张九龄</p>
        <p align="right">海上生明月，天涯共此时。</p>
        <p align="left">情人怨遥夜，竟夕起相思。</p>
        <p align="right">灭烛怜光满，披衣觉露滋。</p>
        <p align="left">不堪盈手赠，还寝梦佳期。</p>
    </body>
</html>
```

3．换行标记
和不换行标记<nobr>...</nobr>

标记是在文档中强制断行，它只有开始标记没有结束标记。<p>与
的区别在于，前者是将文本划分为段落，而后者是在同一段内强制断行，不会在行与行之间留下空行。格式为：

```
文本<br>
```

需要产生多个空行，可以连续使用多个
标记实现，但是<p>标记不能完成此功能。以
标记产生的空行比<p>标记分段产生的行间距要小。

不换行标记可以使文字不能因为太长使浏览器无法显示而换行，它一般对数学公式、一行数字等尤其有效。格式为：

```
<nobr>文字</nobr>
```

【例 2-3】换行标记和不换行标记的使用。其效果如图 2-6 所示。

```
<html>
    <head>
        <title>换行标记和不换行标记示例</title>
    </head>
    <body>
        <p align="center">望月怀远</p>
        <p align="center">张九龄</p>
        <p align="right">海上生明月，天涯共此时。<br>
```

```
        情人怨遥夜，竟夕起相思。<br>
        灭烛怜光满，披衣觉露滋。<br>
        不堪盈手赠，还寝梦佳期。<br>
        <nobr>改变浏览器宽度，使小于这一行的宽度，注意看这个不换行标记的显示效果！
        </nobr></p>
    </body>
</html>
```

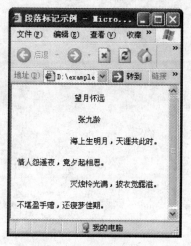

图 2-5　段落标记示例

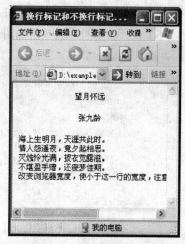

图 2-6　换行标记和不换行标记示例

4．标题标记<hn>…</hn>

标题是一段文字的核心，一般总是用加强的效果来突出显示。网页中的信息可以根据主次不同设置不同大小的标题，为文章增加条理。

HTML 文档中应用<hn>标记，浏览器会自动将字体解释成"黑体"，同时将内容设置为一个段落。格式为：

```
<hn align="left | center | right">标题文字</hn>
```

n 用来表示标题文字的大小，n 取 1～6 的整数，取 1 时文字最大，取 6 时文字最小。

属性 align 用来设置标题在页面中的水平对齐方式。其中 left 为默认取值，表示左对齐；center 表示居中对齐；right 表示右对齐。

【例 2-4】比较普通文本与 6 至 1 级标题的不同效果。其效果如图 2-7 所示。

```
<html>
    <head>
        <title>标题示例</title>
    </head>
    <body>
        <p>正常文本显示</p>
        <h6 align="left">六级标题，左对齐</h6>
        <h5 align="left">五级标题，左对齐</h5>
        <h4 align="center">四级标题，居中对齐</h4>
        <h3 align="center">三级标题，居中对齐</h3>
        <h2 align="right">二级标题，右对齐</h2>
        <h1 align="right">一级标题，右对齐</h1>
    </body>
</html>
```

5．分节标记<div>…</div>

对于每一个<hn>和<p>标记都设置了 align 属性。如果有成千上万这样的标记时，应该应用分节标记。分节标记<div>就是用来设定文字、图像、表格的摆放位置的。格式为：

```
<div align="left | center | right">文本、图像或表格</div>
```

属性 align 是用来设置文本块、一段文字或标题在网页上的对齐方式的。其中 left 为默认取值，表示左对齐；center 表示居中对齐；right 表示右对齐。

【例2-5】应用分节符。其效果如图 2-8 所示。

```
<html>
    <head>
        <title>分节符示例</title>
    </head>
    <body>
        <div align="center">
            <h1>望月怀远</h1>
            <h4>张九龄</h4>
            <p>海上生明月，天涯共此时。</p>
            <p>情人怨遥夜，竟夕起相思。</p>
            <p>灭烛怜光满，披衣觉露滋。</p>
            <p>不堪盈手赠，还寝梦佳期。</p>
        </div>
    </body>
</html>
```

图 2-7　标题示例

图 2-8　分节标记示例

6．水平线标记<hr>

在网页页面中添加水平标尺线（horizontal rules），可以使不同功能的文字分隔开，起到修饰页面的作用。浏览器解释到 HTML 文档中的<hr>标记时，会在此处换行，并添加水平线段。格式为：

```
<hr align="left | center | right" size="水平线粗细" width="水平线长度" color=
"水平线颜色" noshade>
```

水平线常用属性功能说明如表 2-2 所示。

表 2-2　水平线标记属性

属 性 名	功 能 说 明
align	设置水平线的对齐方式，取值 left、center、right，默认值为 left
size	设置水平线的粗细程度，取值为正数，默认值为 2px，单位像素（pixel）
width	设置水平线的宽度，取值可为绝对的像素值，也可为占浏览器窗口宽度的百分比相对值，默认为浏览器的 100%
color	设置水平线的颜色，默认为黑色
noshade	设置不带阴影的水平线，默认为带阴影的立体水平线

【例 2-6】水平线标记应用。其效果如图 2-9 所示。

```
<html>
    <head>
        <title>水平线示例</title>
    </head>
    <body>
        默认水平线: <br>
        <hr>
        粗为 5 像素的水平线: <br>
        <hr size="5">
        粗为 5 像素的实心水平线: <br>
        <hr size="5" noshade>
        长度为 100 像素的粗为 3 像素的居中对齐水平线: <br>
        <hr size="3" width="100" align="center" >
        长度为浏览器窗口 60%的右对齐的蓝色水平线: <br>
        <hr align="right" width="60%" color="blue">
    </body>
</html>
```

图 2-9　水平线标记示例

7. 文本居中标记<center>...</center>

应用<div align="center">...</div>的标记可以使文本居中，另外还可以使用文本居中标记<center>达到同样的效果。格式为：

```
<center>文本</center>
```

【例 2-7】应用文本居中标记示例。

```
<html>
    <head>
        <title>文本居中标记示例</title>
    </head>
    <body>
    <center>
        海上升明月<br>天涯共此时
    </center>
    </body>
</html>
```

2.2.2 文字的显示效果

在网页中可以对字符格式进行控制，如为文本设置字体、颜色等。

1. 字体标记<font>…</font>

在网页中为了增强页面的层次感，文字可以用大小、字体、颜色来区分。<font>标记用于控制字符的样式。格式为：

```
<font size="字体大小" face="字体名称" color="颜色">被设置的文字内容</font>
```

字体标记属性功能说明如表 2-3 所示。

表 2-3　字体标记属性说明

属 性 名	功　能　说　明
size	设置字体大小，去绝对值时可取 1~7，3 为默认值，值越大文字显示越大；取相对值时，+1 表示比默认值大一号，反之亦然
face	设置字体，指定字体名称。中文默认字体为"宋体"，英文默认字体为 Times New Roman
color	设置文字颜色，默认值为黑色，其值可取颜色名称，也可取十六进制值

【例 2-8】应用字体标记的示例。其效果如图 2-10 所示。

```
<html>
    <head>
        <title>字体标记示例</title>
    </head>
    <body>
        <p><font size="1">1 号字</font>
        </p>
        <p><font size="-1" face="文正舒体"
        color="blue">2 号字，文正舒体，蓝色
        </font></p>
        <p><font color="red">默认字号(3 号
        字)，红色</font></p>
        <p><font size="3" color="red">3 号
        字，红色</font></p>
        <p><font size="+1" face="宋体">4
        字号，默认字体宋体，黑色</font></p>
        <p><font size="5" color="green">5
        号字，绿色</font></p>
```

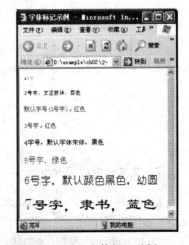

图 2-10　字体标记示例

```
<p><font size="6" face="幼圆">6号字，默认颜色黑色，幼圆</font></p>
<p><font size="+4" face="隶书" color="#0000ff">7号字，隶书，蓝色
</font></p>
    </body>
</html>
```

2. 字符样式标记

在网页中，经常需要显示一些特殊的字符样式，例如文字显示为粗体或斜体、某些字符需要显示下标等，这就需要使用字符样式标记。字符样式标记有物理和逻辑两类字符样式标记符。所谓物理字符样式是指标记符本身就说明了所修饰文字的效果。例如，<b>标记中的 b 是 bold（粗体）单词的首字母，则<b>标记表示粗体。逻辑字符样式标记是指标记本身仅表示了所修饰效果的逻辑含义。例如，<address>标记符本身的逻辑意义是"地址"，但并没有说明具体的效果。常用的逻辑字符样式标记和物理字符样式标记分别如表 2-4 和表 2-5 所示。

表 2-4　常用逻辑字符样式标记

标　　记	功　　　　能
<address></address>	指定网页设计者或维护者的信息，通常显示为斜体
<cite></cite>	表示文本属于引用，通常显示为斜体
<code></code>	表示程序代码，通常显示为固定宽度的字体
<em></em>	强调某些字词，通常显示为斜体
<samp></samp>	表示文本样本，通常显示为固定宽度字体
<strong></strong>	特别强调某些字词，通常显示为粗体
<var></var>	表示变量，通常显示为斜体

表 2-5　常用物理字符样式标记

标　记	功　　能	标　记	功　能
<b></b>	粗体	<strike></strike>	删除线
<i></i>	斜体	<s></s>	删除线
<u></u>	下画线		下标
<big></big>	大字体		上标
<small></small>	小字体	<tt></tt>	固定宽度字体

【例 2-9】 字符样式示例。其效果如图 2-11 所示。

```
<html>
    <head>
        <title>字符样式标记示例</title>
    </head>
    <body>
        <p>s 标记示例：<s>请删除该行文字</s></p>
        <p>sup 标记示例：Z<sup>2</sup>=X<sup>2</sup>+Y<sup>2</sup></p>
        <br>sub 标记示例：H<sub>2</sub>SO<sub>4</sub></p>
        <p>cite 标记示例：<cite>中国西安</cite>
        <p>粗体示例：<b>粗体显示</b>
```

```
        <br>斜体示例：<i>斜体显示</i>
        <br>下画线示例：<u>下画线</u></p>
    </body>
</html>
```

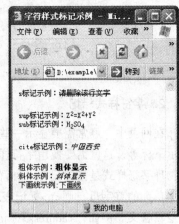

3. 转义字符

转义字符（escape sequence）也称字符实体（character entity）。

在 HTML 中，分别用"<"和">"符号来识别是否为 HTML 标记，因此不能直接将"<"和">"当做文本中的符号来使用。为了在 HTML 文档中使用这些符号，就需要定义它的转义字符串。当解释程序遇到这类字符时就把它解释为真实的字符。在输入转义字符时，要严格遵守字母大小写的规则。表 2-6 是常用的几个转义字符。

图 2-11　字符样式标记示例

表 2-6　常用转义字符

转义字符	字　符	描　　述
&lt;	<	小于号或显示标记
&gt;	>	大于号或显示标记
&amp;	&	可用于显示其他特殊字符
&quot;	"	引号
		不断行的空白

【例 2-10】常用转义字符在网页中的使用示例。其效果如图 2-12 所示。

```
<html>
<head>
    <title>转义字符示例</title>
</head>
<body>
    <h2 align="center">字符 &lt; 
&gt; &quot;网页中的使用</h2>
    <center>
        <font size="5">
            <p>&lt;转义字符&gt;</p>
            <p>&quot;转义字符&quot;</p>
        </font>
    </center>
</body>
</html>
```

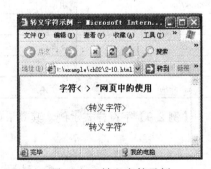

图 2-12　转义字符示例

2.2.3　列表格式

当一个网页中包含多项内容时，可以使用列表格式标记将这些信息进行合理组织。在 HTML 中有无序列表和有序列表两种格式。

1. 无序列表标记

无序列表（unordered list）的每一个表项前面都是项目符号，如●、■等符号。建立无序列表需要使用无序列表标记<ul>...</ul>和列表项（list item）标记<li>...</li>，格式为：

```
<ul type="符号类型">
    <li type="符号类型 1">第一个列表项</li>
    <li type="符号类型 2">第二个列表项</li>
    ...
</ul>
```

其中<ul>...</ul>必须成对出现，而<li>...</li>必须写在<ul>...</ul>标记之间，</li>可以省略。省略</li>变成单标记，一个表项的开始代表前一个表项的结束。

浏览器上无序列表显示的效果是列表项目作为一个整体，与上下段文本间各有一行空白，表项向右缩进并左对齐，每行前面有要求的项目符号。

标记中的 type 属性用来指定每个表项的项目符号的类型。取值 disc 代表实心圆点，这是默认值；circle 表示空心圆点；square 表示方块。

【例 2-11】无序列表应用示例。其效果如图 2-13 所示。

```
<html>
<head>
    <title>无序列表示例</title>
</head>
<body>
    <h3 align="center">人生的建议</h3>
    <ul type="circle">
        <li>摩菲定理：任何事情只要能往坏的方向发展，就一定往那个方向发展。
        <li type="circle">尔能提定律：有些事情，只要一提起……
        <li type="disc">如果是件好事，肯定错过；
        <li type="disc">如果是件坏事，必然发生。
        <li type="square">期望的非互逆定律：不希望发生的事结果便不发生，希望发生的事情实现不了。
        <li type="square">艾托雷定律：两队并行（自己在其中的一队），总是别的队快。
        <li>选择性落体定律：一个物体将按照造成最大的危害的方式落下。
        <li>金宁推论：面包掉地时，黄油一面朝下的概率与地毯的价格成正比……
    </ul>
</body>
</html>
```

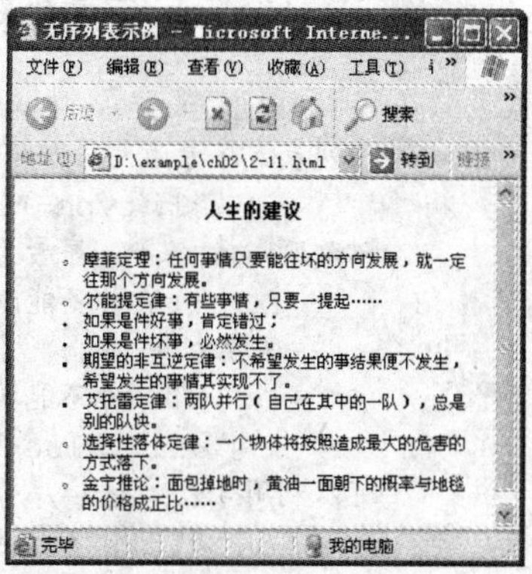

图 2-13　无序列表示例

2. 有序列表标记

带有序号的列表可以清楚地表达信息的顺序。定义有序列表需要使用有序标记<ol>...</ol>和列表项标记<li>...</li>，格式为：

```
<ol type="符号类型">
    <li type="符号类型1">第一个列表项</li>
    <li type="符号类型2">第二个列表项</li>
    …
</ol>
```

浏览器显示效果为有序列表整个表项与上下段文本之间各有一行空白，列表项目向右缩进并左对齐，个表项前有顺序号。

<ol>和<li>标记属性如表 2-7 所示。

表 2-7　<ol>和<li>标记属性

标　记	属性名	功　能　说　明
ol	type	设置有序列表的序号种类，取值为 1（数字）|A（大写英文字母）|a（小写英文字母）|I（大写罗马字母）|i（小写罗马字母），默认值为 1
	start	设置有序列表的序号的起始值，取值为任意整数
li	type	设置有序列表的序号种类，取值为 1（数字）|A（大写英文字母）|a（小写英文字母）|I（大写罗马字母）|i（小写罗马字母），默认值为 1
	value	指定列表项的起始值，以获得非连续的数字系列，取值为任意整数

【例 2-12】有序列表应用示例。其效果如图 2-14 所示。

```
<html>
<head>
    <title>有序列表示例</title>
</head>
<body>
    <h3 align="center">生命</h3>
    <ol type="a">            <!--有序列表,序号为小写英文字母,从a开始--!>
        <li>在疾病之前，你是健康的；
        <li value="3">在禁锢之前，你是自由的；        <!--序号为c --!>
        <li>在苦难之前，你是幸福的
        <li>不幸的是，你总是感觉到前者，回忆到后者。
    </ol>
    <ol type="I" start="2">     <!-- 有序列表，序号为大写罗马字母，从Ⅱ开始--!>
        <li type="i">你不能左右天气，但你可以改变心情; <!--序号为i --!>
        <li>你不能改变容貌，但你可以展现笑容；
<!--序号为Ⅲ --!>
        <li>你不能控制他人，但你可以掌握自己；
        <li value="1">你不能预知明天，但你可以利用今天; <!--序号为Ⅰ --!>
        <li>你不能样样顺利，但你可以事事尽力。
    </ol>
</body>
</html>
```

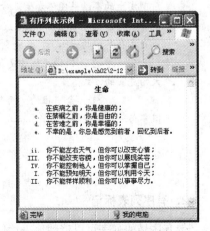

图 2-14　有序列表示例

通过列表的嵌套可以把页面的内容分为多个层次，给人以很强的层次感。有序列表和无序列表自身可以嵌套，彼此之间也可以进行嵌套。

【例 2-13】列表嵌套应用示例。其效果如图 2-15 所示。

```html
<html>
<head>
    <title>列表嵌套示例</title>
</head>
<body>
    <h3 align="center">有序列表中嵌套无序列表和有序列表示例</h3>
    <ol type="1">
        <li>唐诗
        <ul>                            <!--嵌套有序列表-->
            <li>将进酒
            <li>下江陵
        </ul>
        <li>宋词
        <ol type="A">                   <!--嵌套有序列表,列表序号从A开始-->
            <li>江城子
            <li>诉衷情
        </ol>
        <li>乐府
    </ol>
</body>
</html>
```

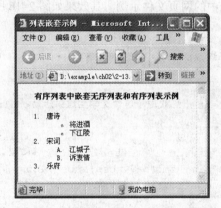

图 2-15　有序列表中嵌套无序、有序列表示例

2.3　超　链　接

超链接（hyperlink）是实现不同页面之间或者不同网站之间信息浏览的主要手段。超链接可以看做是一个"热点"，它可以从当前页面定义的位置跳转到其他位置，包括当前页的位置、Internet以及本地硬盘或者网站上的其他文件，甚至跳转到音频、视频等多媒体文件。

当网页包含超链接时，网页中的外形形式表现为彩色（默认为蓝色）且带下画线的文本或图片。单击这些文本或图片，可以跳转到相应位置。鼠标指针指向超链接的热点文本或图片时，鼠标指针将变成手形。超链接使用<a>...</a>标记定义。

2.3.1　锚点标记

锚点（anchor）标记由<a>...</a>标记定义，它用于创建超链接。通过单击一个文本内容或图片跳转到另一个链接资源，这个资源有唯一的地址（URL），具有这些特点的文本或图片称为热点。格式为：

```
<a name="书签名称" href="URL" target="框架名称">热点</a>
```

锚点标记的 name 属性用来定义书签名称。href 属性的值为一个 URL，是目标资源的有效地址。若创建一个不链接到其他位置的空超链接，可用"#"代替 URL，即<a href="#">热点</a>。target属性用于设置单击超链接后打开目标框架的框架名称，也就是打开窗口的方式。可选值为：_blank（打开一个新窗口显示）、_parent（在父窗体中显示）、_self（在当前窗口中显示，默认值）和_top（在上层窗体中打开）。

2.3.2 页面跳转链接

创建指向其他页面的超链接达到页面跳转的目的，就是在当前页面与其他相关页面间建立超链接。根据目标文件与当前文件的目录关系，有四种写法。一般尽量采用相对路径的方法。

1. 链接到同一目录内的网页文件

链接到同一目录内的网页文件，直接用目标文件名就可以。格式为：

```
<a href="目标文件名.html">热点</a>
```

【例 2-14】链接同一目录中的网页文件示例。其效果如图 2-16 所示。

```html
<html>
<head>
    <title>天子在线</title>
</head>
<body>
    <h1 align="center">欢迎了解学院学生组织活动</h1>
    <font size="6">
    <center>
        <a href="psy.html" target="_blank">心理咨询</a><br>
        <a href="pic.html">相    册</a><br>
        <a href="music.html">校园之声</a>
    </center>
</font>
</body>
</html>
```

图 2-16　超链接示例

2. 链接到下一级目录中的网页文件

链接到下一级目录内的网页文件格式为：

```
<a href="子目录名/目标文件名.html">热点</a>
```

3. 链接到上一级目录中的网页文件

链接到上一级目录内的网页文件格式为：

```
<a href="../目标文件名.html">热点</a>
```

其中"../"表示退到上一级目录中。

4. 链接到同级目录中的网页文件

链接到同级目录内的网页文件格式为：

```
<a href="../子目录名/目标文件名.html">热点</a>
```

先退回到上一级目录中，然后再进入到目标文件所在的目录中。

2.3.3　书签超链接

所谓书签超链接是指在同一网页文件的不同部分或不同网页的特定部分之间建立超链接，它通常应用于比较长的网页。

要实现书签链接需要定义两个标记，一个为书签标记，一个为链接到书签的超链接标记。

1. 建立书签

在需要跳转的每一个位置插入一个具有 name 属性的锚点标记，在<a>标记与</a>之间不需要任何文字，name 属性的值就是书签的名称。格式为：

```
<a name="书签名">目标文本附近的文本</a>
```

2. 建立超链接

在需要建立书签链接的位置插入具有 href 属性的<a>标记，在<a>与</a>之间输入要建立链接的文本，href 属性值就是已经创建好的书签名，而且书签名前面要加上"#"符号。格式为：

```
<a href="#书签名">热点文本</a>
```

如果建立书签链接的位置与书签定义位于不同文件中，在 href 属性值前面必须指定文件的 URL，格式为：

```
<a href="URL#书签名">热点</a>
```

例如，在文件 a.html 中创建位于 b.html 文件中书签名为 top 的链接：

```
<a href="b.html#top">跳转至 b.html 文件的 top 位置</a>
```

【例 2-15】链接同一页面内容的书签示例。其效果如图 2-17 所示。

```
<html>
<head>
    <title>书签示例</title>
</head>
<body>
    <h1 align="center">信息工程系</h1>
    <p><b><a href="#jsj">计算机科学与技术</a>
          <a href="#tx">通信工程</a>
          <a href="#xj">信息与计算科学</a>
</b></p>
```

```
    <p><i><a name="jsj"></a>计算机科学与技术</i><br>
            本专业培养适应社会主义现代化……</p>
    <p><i><a name="tx"></a>通信工程</i><br>
            本专业培养适应社会主义现代化……</p>
    <p><i><a name="xj"></a>信息与计算科学</i><br>
            本专业培养适应社会主义现代化……</p>
</body>
</html>
```

（a）

（b）

图 2-17　书签链接示例

2.3.4　下载文件链接

如果链接到的文件不是.html 文件，则该文件将作为下载文件，格式为：

```
<a href="下载文件名">热点</a>
```

单击网页中的文件下载热点，弹出"文件下载"对话框，可以将文件下载到指定位置。当然也可使用网际快车或迅雷等下载工具软件来下载。

【例 2-16】链接下载文件示例。其效果如图 2-18 所示。

```
<html>
<head>
    <title>文件下载示例</title>
</head>
<body>
    <font size="5">
        QQ2008 软件下载：<a href="qq2008.exe">单击下载</a>
    </font>
</body>
</html>
```

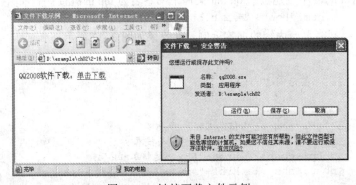

图 2-18　链接下载文件示例

2.3.5　电子邮件链接

指定<a>标记的 href 属性值为"mailto:邮箱地址"，将会链接到指定的电子邮件。当用户单击指向电子邮件的超链接时，系统会自动启动邮件编辑器，如 Outlook Express，并自动将指定的邮件地址填写在"收件人"栏中。格式为：

```
<a href="mailto:E-mail 地址">热点</a>
```

例如，E-mail 地址为 zhangli@163.com，建立电子邮件链接：

```
联系信箱: <a href="mailto:zhangli@163.com">zhangli@163.com</a>
```

2.4　多媒体元素应用

根据网页的整体布局和设计风格，合理地插入一些图片或动画等多媒体元素，将会使网页更加丰富、生动。

2.4.1　图片

1. 图片标记<img>

图片标记<img>的作用是在网页中插入图片，格式为：

```
<img src="图片文件名" alt="简单说明" width="图片宽度" height="图片高度"
border="边框宽度" hspace="水平方向空白" vspace="垂直方向空白" align="环绕方式|
对齐方式">
```

<img>标记常用属性如表 2-8 所示。

表 2-8　图片标记常用属性

属 性 名	功 能 说 明
src	设置插入图片的相对或绝对路径及文件名
alt	插入图片的简单文本说明，当浏览器无法显示 src 指定的图片或图片显示太慢时应用
width、height	图片的宽度和高度，取值为像素值或百分数。不设定时，将按其本身的大小显示
border	设置图片边框效果，取值为像素数
hspace、vspace	设置图片周围水平、垂直方向空白，取值为像素数
align	控制图片与周围文本在水平（环绕方式）或垂直（对齐方式）方向的位置，取值为 top（文本上边缘与图片上边缘对齐）、middle（文本下边缘与图片水平中线对齐）、absmiddle（文本水平中线与图片水平中线对齐）、bottom（文本下边缘与图片下边缘对齐，默认值）、left（图片居左，文字在图片右边）、right（图片居右，文字在图片左边）

【例 2-17】设置图片的尺寸、图片与文本之间的空白。其效果如图 2-19 所示。

```
<html>
<head>
    <title>图片尺寸设置示例</title>
</head>
<body>
    <h1 align="center">图片大小对比</h1>
    <img src="babypic.bmp" alt="原本大小">原始大小
    <img src="babypic.bmp" width="150" height="150" hspace="10" vspace=
"20">宽 150%, 高 150%
```

```
        <img src="babypic.bmp" width="70" height="70" hspace="20" vspace=
"40">宽 70%，高 70%<br>
        通过上面的对比，你看出区别了吗？
    </body>
</html>
```

图 2-19　设置图片尺寸及图片与文本之间的空白

【例 2-18】文本与图片在垂直方向上的对齐示例。其效果如图 2-20 所示。

```
<html>
<head>
        <title>图片对齐方式示例</title>
</head>
<body>
        <h1 align="center">图片与文本在垂直方向上的对齐方式</h1>
        演示文本顶端与图片上边缘<img src="babypic.bmp" hspace="10" vspace= "5"
align="top">top 顶端对齐<br>
        演示文本底部与图片水平中线<img src="babypic.bmp" hspace="10" vspace= "5"
align="middle">middle 中间对齐<br>
        演示文本水平中线与图片水平中线<img src="babypic.bmp" hspace="10" vspace=
"5" align="absmiddle">absmiddle 中间对齐<br>
        演示文本底部与图片下边缘<img src="babypic.bmp" hspace="10" vspace= "5"
align="bottom">bottom 底端对齐<br>
        通过上面的对比，你看出区别了吗？
</body>
</html>
```

【例 2-19】文本环绕图片方式应用示例。其效果如图 2-21 所示。

```
<html>
<head>
        <title>文本环绕图片应用示例</title>
</head>
<body>
        <p><img src="tea.jpg" align="left" hspace="10" vspace="5">
                绿茶，又称不发酵茶。以适宜茶树新梢为原料……
        </p>
</body>
</html>
```

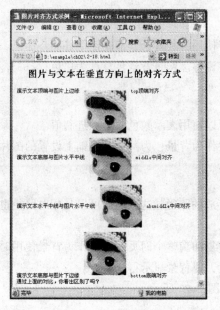

图 2-20　文本与图片在垂直方向上的对齐示例　　　　图 2-21　文本环绕图片示例

2. 图片超链接

除了文本可以作为超链接的热点，图片也可以作为热点，单击图片时跳转到链接的目标文件。格式为：

```
<a href="URL"><img src="图片名"></a>
```

【例 2-20】图片链接示例。其效果如图 2-22 所示。

```
<html>
<head>
    <title>图片链接</title>
</head>
<body>
    <a href="http://www.ustb.edu.cn"><img src="ustb.jpg"></a>
</body>
</html>
```

(a)

(b)

图 2-22　图片链接示例

3．网页背景

网页背景可以是某种颜色，也可以是图片。不管使用哪种背景，都要使用<body>标记。

利用颜色作为背景，下载速度比图片快，比较好调整。网页背景色默认为白色，<body>标记的 bgcolor 属性用于设置背景色。格式为：

```
<body bgcolor="颜色值">…</body>
```

颜色的取值可以直接使用颜色的英文名称，也可以使用表示颜色的十六进制值。

大家可以选择 JPEG 格式或 GIF 格式的图片文件作为背景，为网页背景铺上设置的图片。格式为：

```
<body background="图片文件名">…</body>
```

属性 background 取值为图片文件名，包含文件存放的路径，这个路径可以是相对路径也可以是绝对路径。

浏览器中作为背景的图片会按照图片原本大小重复铺满整个网页。图片作为背景使用时，最好将文件处理得比较小，这样可以加快图片下载速度，使背景显示得比较快。

【例 2-21】图片作为网页背景的示例。其效果如图 2-23 所示。

```
<html>
<head>
    <title>背景图片示例</title>
</head>
<body background="flower.jpg">
    <h2 align="center">图片背景演示</h2>
    浏览器中作为背景的图片将按原本大小复制，直至铺满整个网页。<br>
    作为背景的图片要修饰，文件比较小方便下载。
</body>
</html>
```

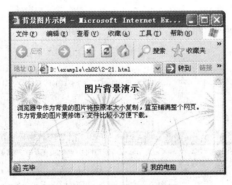

图 2-23　背景图片示例

2.4.2　音频和视频

网页中浏览器可以播放的音频格式有 MIDI、WAV、MP3 等；可以播放的视频格式有 MOV、AVI 等。

1．链接音频或视频文件

网页中可以将音频或视频文件做成超链接，当单击这个链接就可以听到音乐或看到视频。要想播放音频或视频必须有相应的播放器配合才可以。格式为：

```
<a href="音频或视频文件地址">热点</a>
```

例如，播放一段 MIDI 音乐的代码如下：

```
<a href=" hotel_california.mid">加州旅馆</a>
```

2．网页背景音乐

在网页中可以通过<bgsound>标记添加背景音乐，不过只有在 Internet Explorer 浏览器中才可以听到。格式为：

```
<bgsound src="声音文件地址" loop="播放次数">
```

属性 loop 用于确定背景音乐的播放次数。当取正整数时按照取值确定播放次数，当取–1 或 infinite 时无限次播放，直至关闭网页为止。

3．内嵌音频或视频播放插件

网页中可以使用<embed>标记内嵌播放插件。通过内嵌播放插件可以在浏览器中出现控制面板。通过控制面板可以控制音频或视频的进度、声音大小等。格式为：

```
<embed src="音频或视频文件地址" autostart="true|false" loop="true|false|n"
startime="分:秒" volume="0~100" width="x|x%" height="y|y%" hidden="true"
controls="console|smallconsole">
```

<embed>标记是单标记，无结束标记。常用属性如表 2-9 所示。

表 2-9　<embed>标记常用属性

属 性 名	功 能 说 明
src	设定音频或视频文件的路径和文件名
autostart	设置是否自动播放。取值为 true（自动）、false（手动），默认为 false
loop	设置播放重复次数。取值为 true（无限次）、false（播放一次停止）、n（播放 n 次）
startime	设定播放开始时间。例如，15s 后播放写为 startime=00:15
volume	设定音量大小，取值为 0~100。没有设定时用系统音量
width、height	设定控制面板的大小，单位为像素或百分比
hidden	设定是否隐藏控制面板。取值为 true 表示隐藏
controls	设定控制面板的样式。取值 console（正常大小的面板）、smallconsole（较小面板）

【例 2-22】内嵌一个音频播放插件和一个视频播放插件。其效果如图 2-24 所示。

```
<html>
<head>
    <title>内嵌播放插件</title>
</head>
<body>
    <center>
        <h3>西尼德.奥康娜-tears from the moon</h3>
        <embed src="tftm.wma" loop="true" width="145" height="60">
        <h3>公益广告视频</h3>
        <embed src="pcx.rmvb" autostart="false" width="320" height= "240">
    </center>
<p>内嵌插件可以使用控制面板控制音乐的播放与停止，音量的大小。</p>
```

```
</body>
</html>
```

图 2-24 内嵌音频、视频播放插件示例

2.4.3 动态元素

移动对象标记<marquee>…</marquee>可以设置文字、图片、表格等页面对象的移动。格式为：

```
<marquee direction="left|right|up|down" behavior="scroll|slide|alternate"
loop="n|-1|infinite" hspace="m" vspace="n" scrollamount="I" scrolldelay=
"j" align="top|middle|bottom" bgcolor="颜色" width="x|x%" height="y|y%">
移动的文字或图片</marquee>
```

常用属性功能如表 2-10 所示。

表 2-10 <marquee>标记常用属性

分 类	属性名	功 能 说 明
方向	direction	设置活动对象的移动方向，取值为 left（向左）、right（向右）、up（向上）、down（向下）
方式	behavior	设置对象的移动方式，取值为 scroll（循环由一端移动到另一端）、slide（由一端快速滑动到另一端且不再重复）、alternate（左右来回移动）
延时	scrolldelay	设置两次移动之间的延迟时间（单位 ms）
循环	loop	设置移动的次数，取值为-1 或 infinite（无限次）、n（移动 n 次，n 为正整数）
速度	scrollamount	设置活动字幕的滚动速度，单位为像素
位置	align	设置活动对象的位置，取值为 top（居上）、middle（居中）、bottom（居下）
外观	bgcolor	设置活动对象的背景颜色，取值为颜色英文名或十六进制值
	height、width	设置活动对象的高度、宽度

【例 2-23】制作移动效果不同的滚动字幕。其效果如图 2-25 所示。

```
<html>
<head>
```

```
    <title>动态元素</title>
</head>
<body>
    <center>
        <marquee direction="left" behavior="scroll" loop="3">从右向左移,
        一圈一圈绕着走,只走 3 趟! </marquee>
        <marquee direction="right" behavior="slide" scrollamount="20">
        从左向右移,只走一次就歇了,走得好快哟! </marquee>
        <marquee direction="up" behavior="alternate" scrolldelay="500"
        scrollamount="100" bgcolor="pink" height=40 width=50%>从下向上移, 来
        回走,走一步, 停一停哟! </marquee>
    </center>
</body>
</html>
```

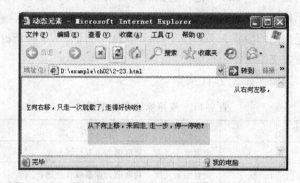

图 2-25　滚动字幕示例

2.5　表　　格

要设计好的网页,网页的合理布局非常关键。表格可以将文本和图片按行、列排列,实现网页的布局要求,利于表达信息。

2.5.1　表格基本结构

表格是网页中最常见的一种页面元素,由行和列组成。行和列交叉构成了表格单元格,单元格中包含表格的数据,每个表格还有特定的标题。

最简单的表格仅包括行和列。格式为:

```
<table border="n" width="x|x%" height="y|y%" cellspacing="I" cellpadding=
"j">
<tr><th>表头 1</th><th>表头 2</th><th>...</th><th>表头 n</th></tr>
<tr><td>表项 1</td><td>表项 2</td><td>...</td><td>表项 n</td></tr>
    ...
<tr><td>表项 1</td><td>表项 2</td><td>...</td><td>表项 n</td></tr>
</table>
```

通过上面的格式可以看出在网页中,创建一个表格需要若干个标记按照一定的结构顺序排列实现。

（1）定义表格标记<table>…</table>

用于定义整个表格，标记必须成对出现，表格定义的所有内容都必须位于<table>和</table>之间。

（2）定义表格标题标记<caption>…</caption>

用于定义表格的标题，标题内容写在<caption>与</caption>之间。表格标题标记不是必需的，但如果使用，就必须放置在<table>之后。

（3）定义表格行标记<tr>…</tr>

用于定义表格行，必须位于<table>和</table>之间，结束标记</tr>可以省略，表格有多少行就应该定义多少个<tr>标记。

（4）定义表格表头标记<th>…</th>

用于定义表格的表头数据，表头数据应放置在<th>与</th>之间，结束标记</th>可以省略。多少个表格表头就应该定义多少个<th>标记。表头数据自动显示为"黑体"。

（5）定义表格单元格标记<td>…</td>

用于定义表格单元格内的数据，必须位于<td>与</td>之间，结束标记</td>可以省略。表格中有多少个单元格就应该定义多少个<td>标记。

表格所有标记符常用属性如表 2-11 所示。

表 2-11　表格标记符常用属性

标　记	属　性　名	功　能　说　明
table	height	设置整表高度，其取值为像素或百分比
	width	设置整表宽度，其取值为像素或百分比
	frame 表格边框线格式	void：默认值，无边框
		above：仅有上边框
		below：仅有下边框
		hsides：仅有上下边框
		lhs：仅有左边框
		rhs：仅有右边框
		vsides：仅有左右边框
		border、box：包含四个边框
	rules 单元格分隔线格式	none：为默认值，表示无分隔线
		rows：仅有行分隔线
		cols：仅有列分隔线
		all：包含所有分隔线
	border	设置表格边框的宽度，其取值为像素，默认值为 0
	cellspacing	控制单元格间距，其取值为像素
	cellpadding	控制表格分隔线与数据的间距，其取值为像素
	align	控制表格在页面中的对齐方式（取值为 left	center	right）
	bgcolor	设置表格背景颜色
	background	设置表格背景图片
caption	align	设置表格标题的位置，取值为 top（默认值）、bottom、left、right

续表

标　记	属性名	功　能　说　明
tr	align	控制表格整行内容的水平对齐方式，取值值为 center、left（默认值）、right
	valign	控制表格行内容的垂直对齐方式，取值值为 top、bottom、middle（默认值）
	height	控制表格行高度，其取值为像素或百分比
	width	控制表格行宽度，其取值为像素或百分比
	bgcolor	设置表格行背景颜色
	background	设置表格行背景图案
th、td	rowspan	行合并，其取值表示纵向合并的行数
	colspan	列合并，其取值表示横向合并的列数
	align	控制单元格内容的水平对齐方式，取值为 center、left、right
	valign	控制单元格内容的垂直对齐方式，取值为 top、bottom、middle（默认值）
	height	控制单元格高度，其取值为像素或百分比
	width	控制单元格宽度，其取值为像素或百分比
	bgcolor	设置单元格背景颜色
	background	设置单元格背景图案

【例 2-24】网页中简单表格的使用与对比。其效果如图 2-26 所示。

```
<html>
<head>
    <title>简单表格</title>
</head>
<body>
    <table>
        <caption align="center">无边框表格示例</caption>
        <tr><th>学号</th><th>姓名</th><th>班级</th></tr>
        <tr><td>08051101</td><td>安心</td><td>国贸 1 班</td></tr>
        <tr><td>08051102</td><td>白康强</td><td>会计 3 班</td></tr>
    </table><br>
    <table border="1" width="200" height="70">  <!--设置表格尺寸-->
        <caption align="center">确定尺寸的有边框表格示例</caption>
        <tr><th>学号</th><th>姓名</th><th>班级</th></tr>
        <tr><td>08051101</td><td>安心</td><td>国贸 1 班</td></tr>
        <tr><td>08051102</td><td>白康强</td><td>会计 3 班</td></tr>
    </table><br>
    <table border="10" frame="hsides" rules="rows">
        <caption align="center">表框样式表格示例</caption>
        <tr><th>学号</th><th>姓名</th><th>班级</th></tr>
        <tr><td>08051101</td><td>安心</td><td>国贸 1 班</td></tr>
        <tr><td>08051102</td><td>白康强</td><td>会计 3 班</td></tr>
    </table><br>
</body>
</html>
```

【例2-25】表格中单元格间距的设置使用。其效果如图2-27所示。

```
<html>
<head>
    <title>表格单元格间距示例</title>
</head>
<body>
    <table border="3" cellspacing="10">      <!--设置单元格间距-->
    <tr><th>学号</th><th>姓名</th><th>成绩</th></tr>
    <tr><td>08051101</td><td>安心</td><td>88</td></tr>
    <tr><td>08051102</td><td>白康强</td><td>90</td></tr>
    </table><br>
    <table border="3" cellpadding="15">      <!--设置分隔线与数据间距-->
    <tr><th>学号</th><th>姓名</th><th>成绩</th></tr>
    <tr><td>08051101</td><td>安心</td><td>88</td></tr>
    <tr><td>08051102</td><td>白康强</td><td>90</td></tr>
    </table>
</body>
</html>
```

图 2-26　简单表格示例

图 2-27　表格单元格间距示例

2.5.2　表格内容的对齐

默认状态下，表格中的单元格内容居于单元格左端。若想要控制单元格内容的显示位置，可以使用行、列的 align 属性进行设置。

1. 水平方向对齐方式

单元格内容的水平对齐用标记<tr>、<th>和<td>的 align 属性设置。属性值分别为 center（居中对齐）、left（左对齐）、right（右对齐）。

【例2-26】表格内文字的水平对齐示例。其效果如图2-28所示。

```
<html>
<head>
    <title>表格单元格内容水平对齐</title>
</head>
```

```
<body>
    <table border="3" width="300" bgcolor="#FFFF00">
        <tr>
            <th>学号</th><th>姓名</th><th>成绩</th>
        </tr>
        <tr>
            <td align="left">08051101</td><td align="center">安心</td>
            <td align="right">88</td>
        </tr>
        <tr align="right">
            <td>08051102</td>
                <td align="left">白康强</td>
                <td>90</td>
            </tr>
    </table><br>
</body>
</html>
```

2．垂直方向对齐方式

单元格内容的垂直对齐用标记<tr>、<th>和<td>的 valign 属性设置。属性值分别为 top（靠单元格顶）、bottom（靠单元格底）、middle（靠单元格中）。

【例 2-27】表格内文字的垂直对齐示例。其效果如图 2-29 所示。

```
<html>
<head>
    <title>表格单元格内容垂直对齐</title>
</head>
<body>
    <table border="3" width="300" height="150" bordercolor="#FFFF00">
        <tr><th>学号</th><th>姓名</th><th>成绩</th></tr>
        <tr>
        <td valign="top">08051101</td><td valign="middle">安心</td>
            <td valign="bottom">88</td></tr>
        <tr valign="bottom">
         <td  align="top"> 08051102 </td>
        <td>白康强</td>
        <td>90</td>
    </tr>
    </table><br>
</body>
</html>
```

图 2-28　单元格内容水平对齐示例

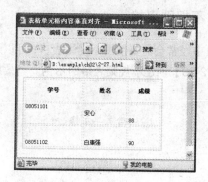

图 2-29　单元格内容垂直对齐示例

2.5.3　表格在页面中的对齐

表格作为一个整体，在页面中的位置有三种：居左、居中和居右。利用<table>标记的 align 属性设置。

当表格位于网页的左侧或右侧时，文本将显示在网页的另一侧。当表格居中时，表格两边没有文本。默认情况下，文本在表格的下方显示。

【例 2-28】表格与文本在页面中对齐的示例。其效果如图 2-30 所示。

```
<html>
<head>
    <title>表格在页面中对齐</title>
</head>
<body>
    <table border="1"align="right">
        <tr><th>学号</th><th>姓名</th><th>成绩</th></tr>
        <tr><td>08051101</td><td>安心</td><td>88</td></tr>
        <tr><td>08051102</td><td>白康强</td><td>90</td></tr>
    </table>
    <p>当表格标记 align=right 时，表格位于网页的右侧时，文本将显示在网页的左侧。当
表格标记 align=center 时，表格居中时，表格两边没有文本。默认情况下，文本在表格的下方
显示。而当表格标记 align=left 时，表格位于网页的左侧时，文本将显示在网页的右侧。</p>
</body>
</html>
```

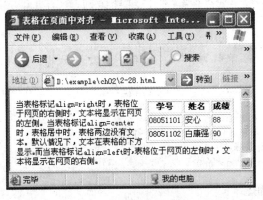

图 2-30　表格在页面中对齐示例

2.5.4　不规则表格

网页中经常会需要使用不规则表格，可以通过设置<td>、<th>的 rowspan 和 colspan 属性实现。

【例 2-29】创建不规则表格的示例。其效果如图 2-31 所示。

```
<html>
<head>
    <title>合并单元格</title>
</head>
<body>
    <table border="1">
        <caption><font size="6">学生成绩表</font></caption>
        <tr align="center">          <!--第一行-->
```

```
                <th rowspan="2">学号</th>
                <th colspan="3">个人信息</th>
                <th colspan="3">入学信息</th></tr>
        <tr align="left">            <!--第二行-->
            <td>姓名<td>性别<td>年龄<td>班级<td>入学年月</tr>
        <tr align="center">          <!--第三行-->
            <td>08051101<td>安心<td>女<td>19<td>国贸1班<td>2008年9月
        </tr>
        <tr align="center">
            <td>08051102<td>白康强<td>男<td>21<td>会计3班<td>2008年9月
        </tr>
    </table>
  </body>
</html>
```

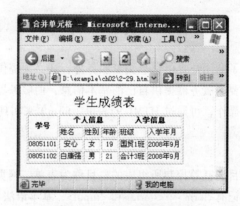

图 2-31　不规则表格示例

2.5.5　表格颜色和背景

在\<table\>、\<tr\>、\<th\>和\<td\>标记中，使用下面的属性可以改变表格的背景和边框的颜色、添加背景图片，也可以为行或单元格设置颜色或背景图片。

- bgcolor：设置背景颜色；
- background：设置背景图片；
- bordercolor：设置表格边框的颜色；
- bordercolorlight：设置表格边框的亮部颜色。

如果把对应属性放在\<table\>标记内，其作用范围是整个表格；如果放置在\<tr\>标记内，则作用范围为整个行；如果放在\<td\>标记内，作用范围为该单元格。

【例 2-30】设置表格背景图片即表格行背景颜色和单元格背景颜色的示例。其效果如图 2-32所示。

```
<html>
<head>
    <title>合并单元格</title>
</head>
<body>
    <table border="1" background="flower.jpg"> <!--设置表格的背景图片-->
        <tr><td>1<td>直接显示表格的背景图片
```

```
        <tr bgcolor="pink">              <!--设置第二行的背景颜色-->
            <td>2<td>显示表格行的背景色为粉色
        <td>3<td bgcolor="green">显示当前单元格的背景色为绿色
    </table>
  </body>
  </html>
```

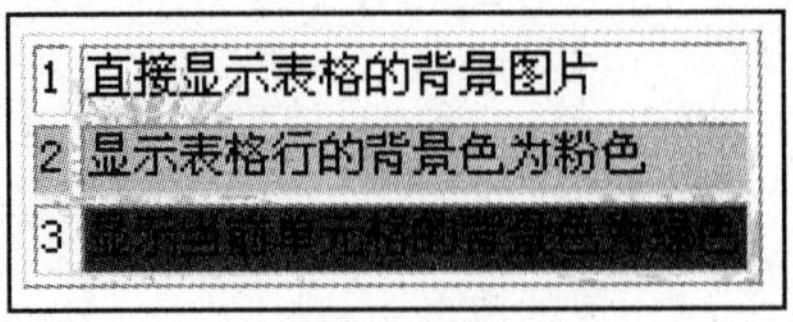

图 2-32　表格背景色或背景图片示例

2.6　表　　单

一般情况下，WWW 除了向用户提供信息浏览服务外，还必须提供用户与服务器之间的信息交流。例如，用户注册时，要向服务器提供自己的基本信息，而服务器向用户反馈注册成功与否的信息。要实现这样的交互操作，可通过 HTML 的表单（form）来实现。

2.6.1　表单基本概念

网页中由可输入项及项目选择等控制所组成的栏目称为表单。网页中就是通过表单来交流和反馈信息的。定义表单的标记有<form>…</form>和 <input>，基本语法与格式为：

```
<form name="表单名" action="URL" method="get|post">
    <input type="表单项类型" name="表单项名称" value="默认值" size="x"
    maxlength="y">
    …
</form>
```

<form>标记主要处理表单结果的处理和传输。<input>标记主要用来设计表单中提供给用户的输入形式，单标记。它们的属性如表 2-12 所示。

表 2-12　<form>和<input>标记属性

标　记　名	属　性　名	功　能　说　明
<form>	name	设置表单名称，在一个网页中唯一标识一个表单
	action	设置表单的处理方式，往往是网址
	method	设置表单的数据传送方向，取值为 get（获得表单）和 post（送出表单）
<input>	type	设置加入表单项的类型，取值为 text（单行文本框）、password（密码框）、checkbox（复选框）、radio（单选按钮）、submit（提交按钮）、reset（重置按钮）和 button（自定义按钮）
	name	设置表单项的控件名
	value	设置控件对应初始值
	size	设置单行文本区域的宽度
	maxlength	设置允许输入的最大字符数目

2.6.2　单行文本框和密码框

单行文本框为用户提供了输入简单文字的页面元素。格式为：

```
<input type="text" name="名称" value="文本框初始值" size="文本框宽度"
maxlength="允许输入的最长字符数">
```

密码框是提供输入用户密码的页面元素，密码字符串显示为"*"。格式为：

```
<input type="password" name="名称" value="密码框初始值" size="密码框宽度"
maxlength="允许输入的最长字符数">
```

【例 2-31】单行文本框与密码框的示例。其效果如图 2-33 所示。

```
<html>
<head>
    <title>单行文本框与密码框示例</title>
</head>
<body>
    <div align="center">
        <h2>用户登录</h2>
        <hr width=50%>
        <form name="login" method="post">
            <p>姓名: <input type="text" name="name" value="请输入您的姓名">
            <p>密码: <input type="password" name="psw">
            <hr width=50%>
            <p><input type="submit" name="submit" value="提交">
        </form>
    </div>
</body>
</html>
```

图 2-33　单行文本框与密码框示例

2.6.3　按钮

1. 提交按钮

提交按钮为用户提供将表单数据发送到服务器端的页面元素，当用户单击提交按钮，浏览器自动完成信息传送任务，用户无须为提交按钮编写任何代码。格式为：

```
<input type="submit" name="控件名" value="按钮名">
```

默认状态下，提交按钮名称显示为"提交查询内容"，需要设定不同名称，指定 value 属性即可。

2．重置按钮

重置按钮为用户提供将表单中已经存在的数据清除的页面元素，当用户单击重置按钮，浏览器将自动清空表单中的数据，用户无须为重置按钮编写任何代码。格式为：

```
<input type="reset" name="控件名" value="按钮名">
```

默认状态下，重置按钮名称显示为"重置"，需要设定不同名称，指定 value 属性值就可以了。

3．自定义按钮

当用户单击自定义按钮时，可以触发特定事件，事件函数的代码必须由用户编写。格式为：

```
<input type="botton" name="控件名" value="按钮名">
```

2.6.4 复选框和单选按钮

页面中有些地方需要列出几个项目，让浏览者通过选择按钮选择项目。选择按钮可以是复选框（checkbox）或单选按钮（radio）。用<input>标记的 type 属性可以设置选择按钮的类型，属性 value 可设置该选项按钮的控制初值。checked 表示是否选择该选项。Name 属性是控件名称，同一组的选择按钮的控件名称是一样的。

复选框格式为：

```
<input type="checkbox" name="控件名" value="复选框值"  checked>
```

单选按钮格式为：

```
<input type="radio" name="控件名" value="单选按钮值" (checked)>
```

只有一组单选按钮的 name 值相同时，才能达到单项选择（互斥选择）的目的。

【例 2-32】复选框与单选按钮的示例。其效果如图 2-34 所示。

```
<html>
<head>
    <title>复选框与单选按钮的示例</title>
</head>
<body>
    <div align="left">
        <h2 align="center">信息录入</h2>
        <hr width=80%>
        <form>
            <p>姓名: <input type="text" name="name">
            <p>性别:
            <input type="radio" name="sex" value="1" checked>男
            <input type="radio" name="sex" value="2">女
            <p>爱好:
            <input type="checkbox" name="hobby1">篮球
            <input type="checkbox" name="hobby2">足球
            <input type="checkbox" name="hobby3">排球
            <input type="checkbox" name="hobby4">其他
            <hr width="80%">
            <p><input type="submit" name="submit" value="确定">
            <input type="reset" name="reset">
        </form>
```

```
        </div>
    </body>
    </html>
```

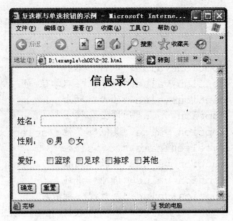

图 2-34　复选框与单选按钮示例

2.6.5　选择栏

当浏览者浏览的项目较多时，使用选择按钮来进行选择，占用页面的区域就比较多。使用选择栏可以解决这个问题。使用<select>…</select>标记和<option>…</option>标记设置选择栏。

选择栏分两类，弹出式和字段式。格式为：

```
<select size="x" name="控件名称" multiple>
    <option selected value="可选择内容">选项 1 内容</option>
    <option selected value="可选择内容">选项 2 内容</option>
    ...
</select>
```

<select>标记必须有结束标记</select>，而<option>标记可以省略结束标记</option>。<select>标记属性 size 设置带滚动条的选择栏中一次可以看见的列表项数；name 属性设置控件名称；multiple 属性表示可选多个选项，若无此项则只能选择一个选项。<option>标记的 select 属性表示该项是预设置的；value 属性指定控件的初始值，默认时初始值为 option 中的内容，表示选项值。

2.6.6　多行文本框

表单中的意见反馈往往需要浏览者发表意见或建议，提供的输入区域一般较大，可以输入较多的文字。多行文本使用<textarea>…</textarea>标记设置。格式为：

```
<textarea name="控件名称" rows="行数" cols="列数">
    多行文本
</textarea>
```

其中，rows 和 cols 属性设置的是不用滚动条就可以看到的部分。

【例 2-33】选择栏与多行文本框的示例。其效果如图 2-35 所示。

```
<html>
<head>
    <title>选择栏与多行文本的示例</title>
</head>
```

```
<body>
    <div align="center">
        <h2>个人资料</h2>
        <form>
            <p>姓名: <input type="text" name="name">
            <p>学历: <select name="xl" size="1">
                <option value="大专">大专
                <option value="本科">本科
                <option value="双学位">双学位
                <option value="硕士">硕士
                <option value="博士">博士
                <option value="其他">其他</select>
            职称: <select name="zc" size="3">
                <option value="助教">助教
                <option value="讲师">讲师
                <option value="副教授">副教授
                <option value="教授">教授</select>
            <p>留言: <br>
            <textarea name="comments" rows="5" cols="60">请写下您的留言
            </textarea>
            <p><input type="submit"name="submit" value="确定">
            <input type="reset"name="reset" value="重置">
        </form>
    </div>
</body>
</html>
```

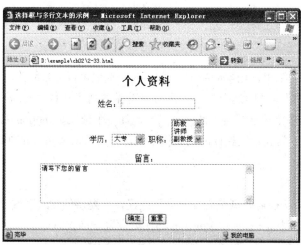

图 2-35　选择栏与多行文本框示例

2.6.7　表单综合示例

为了表单在网页中显示整齐，一般在表单中使用了无线表格。下面举一个表单综合示例，将表单与表格结合，学习使用表格来布局表单。

【例 2-34】网页中经常需要浏览者留言，下面设计一个关于留言簿的表单综合示例。其效果如图 2-36 所示。

```html
<html>
<head><title>表单综合示例</title></head>
<body bgcolor="#dadadc">
    <h1 align="center">留  言  簿</h1>
    <form method="post">
        <table border="1" cellspacing="0" align="center" bgcolor=
        "#dadada">
            <tr>
                <td>姓名:
                <td><input name="name" type="text" size="20">
                <td>密码:
                <td><input name="psw" type="password" size="20">
            <tr>
                <td>性别:
                <td>
                    <input name="sex" type="radio" value="1" checked>男
                    <input name="sex" type="radio" value="2">女
                <td>爱好:
                <td>
                    <input name="hobby1" type="checkbox">读书
                    <input name="hobby2" type="checkbox">音乐
                    <input name="hobby3" type="checkbox">体育
                    <input name="hobby4" type="checkbox">旅游
            <tr>
                <td>Email:
                <td><input name="email" type="text" size="20">
                <td>专业:
                <td>
                    <select name="pro"size="1">
                        <option>请选择您所学的专业
                        <option>计算机
                        <option>通信工程
                        <option>国际贸易
                    </select>
            <tr>
                <td>主题:
                <td colspan="3"><input name="email" type="text" size=
                "60">
            <tr>
                <td>留言:
                <td colspan="3">
                    <textarea name="memo" rows="6" cols="60">请写下你的留言
                    </textarea>
```

```
            <tr>
                <td colspan="4" align="center">
                    <input name="submit" type="submit" value="提交留言">
                    <input name="reset" type="reset" value="清除重写">
            </table>
        </form>
  <body>
  </html>
```

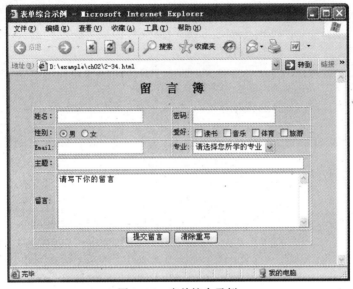

图 2-36　表单综合示例

习　题

1. 按图 2-37 所示制作指向其他页面的链接，要求对第 2 章中的例题使用超链接，在网页中单击例题名，则打开对应例题。

2. 制作如图 2-38 所示的网页，要求章标题为 H2，居中，黑体，红色；节标题为 H3，居左，楷体，绿色；正文为宋体，蓝色。整个网页背景色为乳白色。

图 2-37　题 1 图

第2章　HTML基础

　　超文本标记语言（HyperText Markup Language, HTML）是网页制作的基础语言，它是一种用来制作超文本文档的标记语言。用HTML语言编写的超文本文档被成为HTML文档。现在有很多所见即所得的网页制作工具，但是这些工具生成的代码依旧是以HTML语言作为基础。所以掌握一些HTML的语法将有利于今后的学习和应用。本章将介绍HTML语言的基本结构和相关的具体应用。

2.1　HTML文档的基本结构

　　HTML是表示网页的一种规范，它通过标记符定义了网页内容的显示格式。在文本文件的基础上，增加一系列描述文本格式、颜色等的标记，再加上声音、动画以及视频等，形成精彩的画面。当用户通过浏览器浏览网页上的信息时，服务器会将相关HTML文档发送到浏览器上，浏览器按照顺序读取HTML文档的标记，然后解释HTML标记，同时显示相应的格式。

图 2-38　题 2 图

3. 制作如图 2-39 所示的表格。表格要求练习带背景图片的不规则表格。

4. 制作如图 2-40 所示的列表嵌套网页。

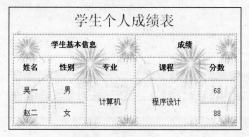

图 2-39　题 3 图 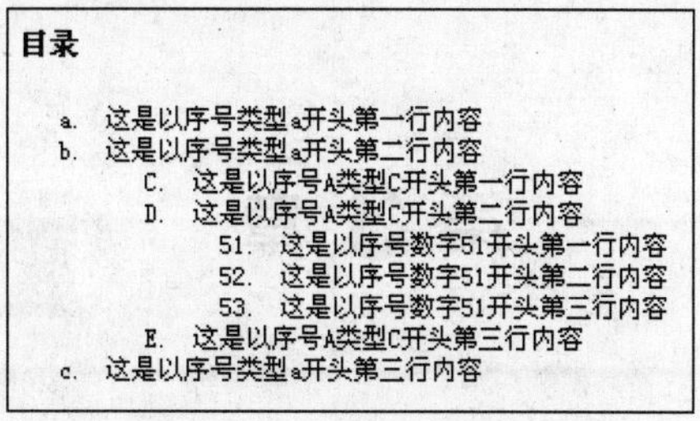　　　　　　　　　　　　　　图 2-40　题 4 图

5. 按图 2-41 所示制作表单网页，并把表单数据传送至某 E-mail。

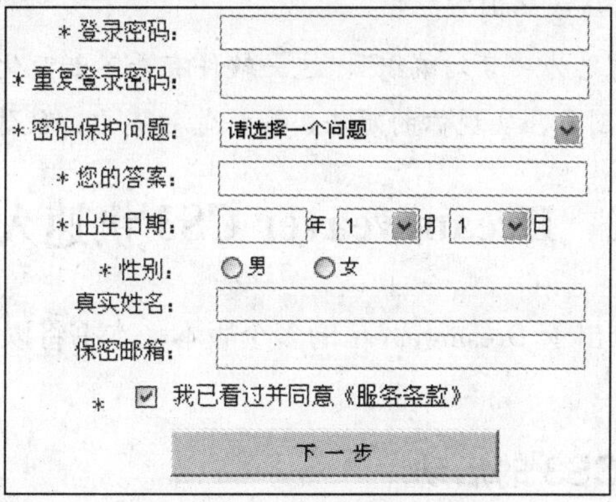

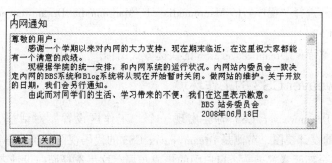

图 2-41　题 5 图

6. 制作如图 2-42 所示的表单。

图 2-42　题 6 图

第 **3** 章　Dreamweaver 基本操作

Dreamweaver CS3 是 Macromedia 公司推出的一个"所见即所得"的可视化网站开发工具。它是一套针对专业网页设计师特别开发的视觉化网页开发工具，利用它可以轻而易举地制作出跨平台限制和浏览器限制的充满动感的网页。

Dreamweaver CS3 字面意思为"梦幻编织"，这一软件有着不断变化的丰富内涵和经久不衰的设计思维，它能充分展现你的创意，实现你的想法，锻炼你的能力，使你成为真正的网页设计大师。

3.1　Dreamweaver CS3 快速入门

Macromedia 公司先后推出了 Dreamweaver 的多个版本，本书将以 Dreamweaver CS3 版本对其性能做简单介绍。

3.1.1　Dreamweaver CS3 的启动

启动 Dreamweaver CS3 的方法有以下两种：

方法一：在安装 Dreamweaver CS3 之后，它会自动在 Windows 的"开始"菜单中创建程序组，打开"开始"菜单，选择"程序"|"Macromedia"|"Macromedia Dreamweaver CS3"命令，便可启动 Dreamweaver CS3。

方法二：双击桌面上 Dreamweaver CS3 的快捷方式图标。

3.1.2　Dreamweaver CS3 的工作环境

在首次启动 Dreamweaver CS3 时会出现一个"工作区设置"对话框，在对话框左侧是 Dreamweaver CS3 的设计视图，右侧是 Dreamweaver CS3 的代码视图。Dreamweaver CS3 设计视图布局提供了一个将全部元素置于一个窗口中的集成布局。这里选择面向设计者的设计视图布局。

在 Dreamweaver CS3 中将首先显示一个起始页，可以选中这个窗口下面的"不再显示此对话框"复选框隐藏它。在这个页面中包括"打开最近项目"、"创建新项目"、"从范例创建"三个方便实用的项目，建议大家保留。

新建或打开一个文档，进入 Dreamweaver CS3 的标准工作界面，如图 3-1 所示。Dreamweaver CS3 的标准工作界面包括标题栏、菜单栏、插入面板组、文档工具栏、标准工具栏、文档窗口、状态栏、属性面板和浮动面板组。

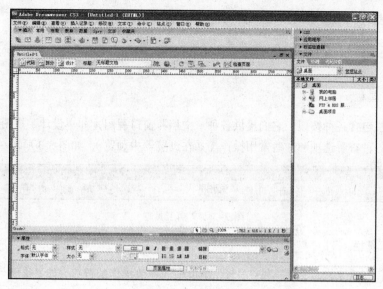

图 3-1　Dreamweaver CS3 的工作界面

1．标题栏

启动 Dreamweaver CS3 后，标题栏将显示文字 Dreamweaver CS3，新建或打开一个文档后，在后面还会显示该文档所在的位置和文件名称。

2．菜单栏

Dreamweaver CS3 的菜单共有 10 个，即文件、编辑、视图、插入记录、修改、文本、命令、站点、窗口和帮助。其中，编辑菜单里提供了对 Dreamweaver CS3 菜单中首选参数的访问。表 3-1 给出了各个菜单栏的主要功能。

表 3-1　Dreamweaver CS3 的菜单栏

菜 单 栏	主 要 功 能
文件	用来管理文件，例如新建、打开、保存、另存为、导入、输出打印等
编辑	用来编辑文本，例如剪切、复制、粘贴、查找、替换和参数设置等
查看	用来切换视图模式以及显示、隐藏标尺、网格线等辅助视图功能
插入记录	用来插入各种元素，例如图片、多媒体组件、表格、框架及超链接等
修改	具有对页面元素修改的功能，例如在表格中插入表格、拆分、合并单元格等
文本	用来对文本操作，例如设置文本格式等
命令	所有的附加命令项
站点	用来创建和管理站点
窗口	用来显示和隐藏控制面板以及切换文档窗口
帮助	联机帮助功能，例如按【F1】键，即可打开电子帮助文本

3．插入面板组

插入面板组集成了所有可以在网页应用的对象包括"插入"菜单中的选项。"插入"面板组其实就是图像化了的插入指令，通过多个按钮，可以很容易地加入图像、声音、多媒体动画、表格、图层、框架、表单、Flash 和 ActiveX 等网页元素，如图 3-2 所示。

图 3-2　插入面板组

4．文档工具栏

文档工具栏包含各种按钮，它们提供各种"文档"窗口视图（如"设计"视图和"代码"视图）的选项、各种查看选项和一些常用操作（如在浏览器中预览），如图 3-3 所示。

图 3-3　文档工具栏

5．标准工具栏

标准工具栏包含来自"文件"和"编辑"菜单中的一般操作的按钮，如"新建"、"打开"、"保存"、"保存全部"、"剪切"、"复制"、"粘贴"、"撤销"和"重做"，如图 3-4 所示。

图 3-4　标准工具栏

6．文档窗口

当打开或创建一个项目，进入文档窗口，用户可以在文档区域中进行输入文字、插入表格和编辑图片等操作。

"文档"窗口显示当前文档。可以选择下列任一视图："设计"视图是用于可视化页面布局、可视化编辑和快速应用程序开发的设计环境。在该视图中，Dreamweaver CS3 显示文档的完全可编辑的可视化表示形式，类似于在浏览器中查看页面时看到的内容。"代码"视图是用于编写和编辑HTML、JavaScript、服务器语言代码以及任何其他类型代码的手工编码环境。"代码和设计"视图使用户可以在单个窗口中同时看到同一文档的"代码"视图和"设计"视图。

7．状态栏

"文档"窗口底部的状态栏提供与用户正创建的文档有关的其他信息。标签选择器显示环绕当前选定内容的标签的层次结构。单击该层次结构中的任何标签可选择该标签及其全部内容。单击<body> 可以选择文档的整个正文，如图 3-5 所示。

图 3-5　状态栏

8．属性面板

属性面板并不是将所有的属性加载在面板上，而是根据用户选择的对象来动态显示对象的属性。属性面板的状态完全是随当前文档中选择的对象而确定的。例如，当前选择了一幅图像，那么"属性"面板上就出现该图像的相关属性；如果选择了表格，那么"属性"面板会相应的变化成表格的相关属性，如图 3-6 所示。

图 3-6　属性面板

9．浮动面板

其他面板可以统称为浮动面板，这些面板都浮动于编辑窗口之外。在初次使用 Dreamweaver CS3 的时候，这些面板根据功能被分成了若干组。在窗口菜单中，选择不同的命令可以打开基本面板组、设计面板组、代码面板组、应用程序面板组、资源面板组和其他面板组。

3.1.3　站点操作

"网站"又称为"站点"，是网页的集合，因此在制作网页之前，首先应在 Dreamweaver CS3 中创建一个站点，这样，Dreamweaver CS3 才能对其中的各个网页进行管理。

1．创建本地站点

通常状况下，用户都是在自己的计算机上先做好整个网站，然后再上传到用于存储网页的服务器上。因此在自己的计算机上建立的站点称为"本地站点"，而上传到服务器上的站点称为"远程站点"。使用 Dreamweaver CS3 的第一步就是在本地硬盘上建立一个本地站点。

（1）基本设置

在默认情况下，Dreamweaver CS3 会以向导的形式进行网站设置，这种方式称为"基本"设置方式，下面通过例 3-1 来介绍如何创建本地站点。

【例 3-1】创建本地站点，并进行相应设置。

操作步骤如下：

① 在菜单栏中选择"站点"|"管理站点"命令，弹出"管理站点"对话框，如图 3-7 所示，单击"新建"按钮，然后选择"站点"命令。

图 3-7　"管理站点"对话框

② 弹出站点定义对话框，可以在对话框上选择"基本"或者"高级"选项卡进行设置，这里选择"基本"选项卡，它采用向导式的设置方法。首先为网站起一个名字，例如在文本框中输

入"科大天津学院"，如图 3-8 所示。

③ 单击"下一步"按钮，在弹出的对话框中设定是否要使用服务器端的技术，这里选中"否，我不想使用服务器技术"，如图 3-9 所示。

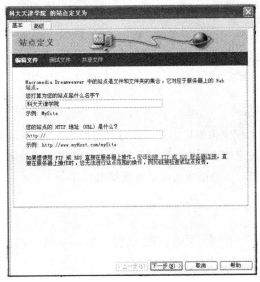

图 3-8 站点定义对话框

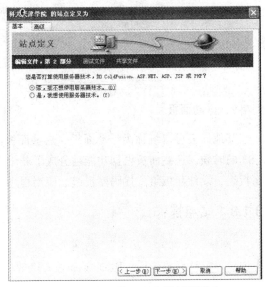

图 3-9 是否使用服务器端的技术

④ 单击"下一步"按钮，在弹出的对话框中设定计算机与服务器的连接方式。这里在下拉列表框中选择"无"选项，如图 3-10 所示，继续单击"下一步"按钮，在对话框中就会列出前面设置的各项信息以供检查，如图 3-11 所示。

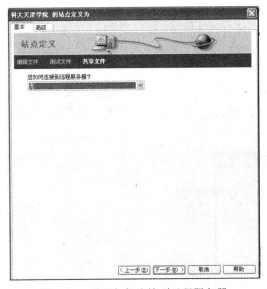

图 3-10 设置如何连接到远程服务器

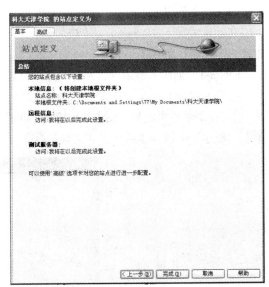

图 3-11 设置信息

⑤ 如果发现设置存在错误，可以单击"下一步"按钮返回到前面的步骤修改设置；如果没有错误则单击"完成"按钮，这样最初的网站设置就完成了。

（2）高级设置

上面使用的是向导式的"基本"设置过程。如果已经熟悉了创建站点的方法，也可以使用"高级"设置过程。方法是在图 3-8 所示对话框的左上角，选择"高级"选项卡，设置对话框如图 3-12 所示。

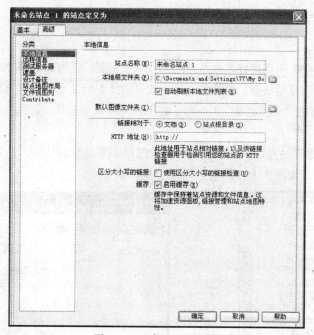

图 3-12　"高级"选项卡

"高级"设置方法采用的不是向导式而是目录式的设置方法。用户可以根据自己的喜好选择使用"基本"设置方式，还是"高级"设置方式，最终的效果是相同的。

在"高级"选项卡的左侧，是需要设置的各种参数的目录。这里只需要设置第一项，即"本地信息"即可。在这个目录中需要设置以下参数：

① 站点名称：即网站名称，这项是必须填的。

② 本地根文件夹：即用来存放本地文件的文件夹，这项是必须填的。

③ 自动刷新本地文件列表：设定是否自动刷新本地文件列表。这个选项的含义，就是当用户向本地网站的文件夹中复制文件之后，立即自动刷新文件列表。通常选中此复选框，这样用户可以看到当时的网站文件结构。

④ 链接相对于：设定文件的链接方式。文档相对路径相对于大多数的 Web 站点的本地链接。在当前的文档与所链接的文档处于同一文件夹内的情况下，最好使用文档相对路径；在处理使用多个服务器的大型 Web 站点，或者使用承载有多个不同站点的服务器时，则可能需要使用站点根目录相对路径。

⑤ 默认图像文件夹：如果准备把所有或者大部分图像文件都放在一个文件夹中，就可以在这里输入这个文件夹的路径。否则，这个选项可以不填。

⑥ HTTP 地址：HTTP 地址的作用是使 Dreamweaver CS3 的链接检查器可以正确地检查 HTML 代码中的绝对地址。

⑦ 缓存：缓存的作用是加速链接更新时的速度。这项可以根据用户的需要决定是否填写。如果硬盘有足够的空间，建议选中此复选框。

单击站点定义对话框中的"确定"按钮，这时最初设置就完成了。效果和刚才用"基本"设置方式设置的相同。

2．管理本地站点

（1）编辑站点

在 Dreamweaver CS3 中创建好本地站点之后，如果需要，还可以对整个站点进行编辑操作。例如，编辑修改站点、复制站点、删除站点等。如果需要编辑站点，可以执行以下步骤：

① 在站点面板单击"站点名称"对话框，在下拉列表框中选择"管理站点"命令，如图 3-13所示。

② 在弹出的"管理站点"对话框左侧列表中选择需要编辑的站点，然后单击右侧按钮，则可以进行相应的操作，如图 3-14 所示。

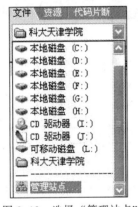

图 3-13　选择"管理站点"

图 3-14　选择"编辑站点"

单击"新建"按钮，弹出"站点定义"对话框，可以新建一个站点；单击"编辑"按钮，弹出"站点定义"对话框，可以编辑站点信息；单击"复制"按钮，可以复制一个被选择的站点；单击"删除"按钮，可以将站点文件夹在 Dreamweaver CS3 中清除；单击"导出"按钮，可以将 Dreamweaver CS3 中的站点导出，以便其他用户或者在其他计算机上使用该站点；单击"导入"按钮，弹出"导入站点"对话框，浏览要导入的站点（保存为 XML 文件），并将其选定可以导入一个站点（在导入文件之前必须从 Dreamweaver CS3 中导出站点，并将站点保存为 XML 文件）。

（2）文件的基本操作

在 Dreamweaver CS3 中，可以使用"文件"菜单对单独的文件进行管理。例如，选择"新建"、"打开"、"保存"、"另存为"等命令，如图 3-15 所示。另外也可以在"站点"面板中，在文件或文件夹上右击，在弹出的菜单中选择"编辑"菜单中的"剪切"、"复制"、"删除"、"重制"、"重命名"命令对网站中的文件进行管理，如图 3-16 所示。

在对站点中的文件或文件夹进行操作时，合理地使用快捷菜单能大大加快操作速度。

（3）指定站点首页

网站的门户就是首页，通常首页文件中包含有若干指向其他主要网页的超链接，用户可以先为网站创建一个空白的首页，然后编辑，并可以利用站点地图来查看网站中超链接的情况。

图 3-15　使用"文件"菜单管理文件

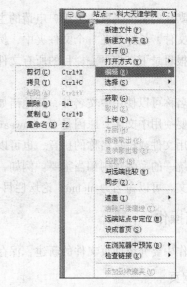

图 3-16　使用快捷菜单管理文件

设置站点首页的步骤如下：

① 在站点窗口中单击站点。选取需要设置首页的站点，然后右击站点，选择快捷菜单中的"新建文件"命令，出现一个 Untitled.htm（无标题）文件图标，此时，在文本框内输入 index.htm，如图 3-17 所示，然后按【Enter】键。

图 3-17　新建首页文件

② 在站点窗口的站点上右击 index.htm 文件图标，选择快捷菜单中的"设成首页"命令，如图 3-18 所示，则该文件被指定为站点的首页。

图 3-18　设置为首页

网站首页默认的文件名取决于用户申请的主页空间，一般是 index.htm、index.html、default.htm 等。同类型的文件，最好放在一个文件夹中，例如把图片文件都放在 image 文件夹中。不要把所有文件都放在根目录下，把下一栏目的所有文件放在一个文件夹中，在链接网页和维护时，会很方便。

除了站点名称可以使用中文名外，其他诸如定义站点的文件夹、站内的任何文件和栏目文件夹的命名，不要使用中文名，原因是 Dreamweaver CS3 对中文文件名和文件夹的支持不是很好。用户既可以使用文件或栏目名称的拼音，也可以用文件或栏目名称的英文命名文件或文件夹。团队开发时，有统一的命名规则相当重要。例如，个人简历栏目，命名的文件夹名称可以是 jianli，如果命名为英文，可以命名为 memo。论坛栏目一般都是用 bbs 做文件夹的名称。

3.1.4　文档操作

在文档操作中要介绍网页文件的新建、保存、关闭、打开和预览等。

1．新建网页

【例 3-2】在本地站点中新建一个"页面类型"为默认的网页文件。

启动 Dreamweaver CS3，选择"文件"|"新建"命令，弹出如图 3-19 所示的对话框。可以看到，"页面类型"默认为 HTML，保持默认选项，单击"创建"按钮。

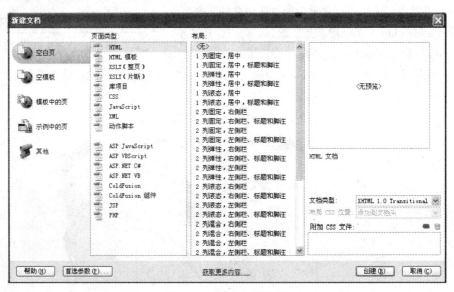

图 3-19　创建空白文档

Dreamweaver CS3 将为用户创建一个空白文档，命名为 Untitled-1.htm。

2．保存网页

【例 3-3】在例 3-2 中创建的网页文件中插入一张图片并保存。

在例 3-2 创建的文档中，选择"插入记录"|"图像"命令，在弹出的对话框中选择插入一张枫叶的图片，如图 3-20 所示。

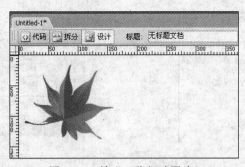

图 3-20　输入一张枫叶图片

选择"文件"|"另存为"命令，弹出如图 3-21 所示的对话框，在文件名中输入"枫叶"，单击"保存"按钮。此时，文件的名称显示为 枫叶.html 。

图 3-21　修改文件名

3. 关闭网页

关闭网页的方法有以下几种：

① 选择"文件"|"关闭"命令。

② 单击网页文件右上角的 × 按钮。

③ 输入【Ctrl+W】组合键。

④ 在页面标题处右击，在弹出的快捷菜单中选择"关闭"命令，如图 3-22 所示。

4. 打开网页

打开已经建立好的网页的方法是：

① 选择"文件"|"打开"命令，在弹出的对话框中选择要打开的文件。

② 在站点管理器中找到相应的网页文件，双击打开，如图 3-23 所示。

③ 按【Ctrl+O】组合键。

④ 在页面标题处右击，在弹出的快捷菜单中选择"打开"命令。

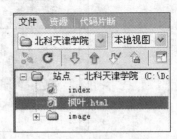

图 3-22　关闭网页文件　　　　　图 3-23　在站点管理器中打开网页文件

5．设置页面属性

（1）设置网页标题

网页标题是用来说明网页内容的文字，通常显示在浏览器窗口的标题栏中。每个网页都应该有一个标题，而网页标题文字最好能够恰如其分地描述网页的内容。

设置网页标题的方法为：

方法一：在工具栏"标题"文本框中输入网页标题"枫叶的页面"，一般来说都使用有意义的中文作为标题。

方法二：在文档窗口中选择"修改"|"页面属性"命令，或者按【Ctrl+J】组合键，弹出"页面属性"对话框，在"分类"列表框中选择"标题/编码"选项，在右侧的"标题"文本框中输入网页的标题，如图 3-24 所示。

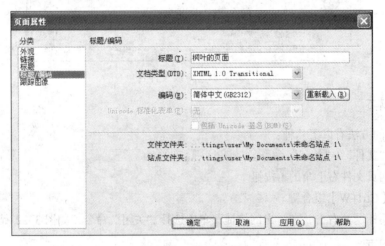

图 3-24　设置标题

（2）设置网页其他属性

如果需要设置网页的其他属性，可以打开"页面属性"对话框进行设置，对话框的功能分类如下：

① 外观。在"分类"列表框中选择"外观"选项，右侧信息主要用于设置网页基本页面布局，包括页面字体、大小、文本颜色、背景颜色、背景图像、左边距、右边距、上边距和下边距，如图 3-25 所示。

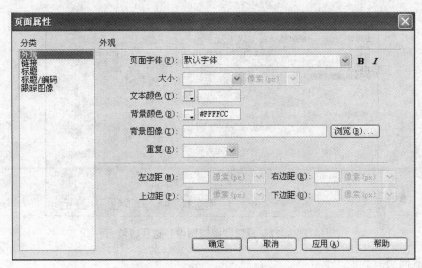

图 3-25　设置"外观"选项区域

② 链接。网页中的链接就是以文字或图像作为链接对象，然后指定一个要跳转的网页地址，当浏览者单击文字或是其他对象时，浏览器跳转到指定的目标网页。在"分类"列表框中选择"链接"选项，右侧选项主要用于设置网页中超链接的字体、字体大小、各种链接颜色、链接下画线的样式，如图 3-26 所示。

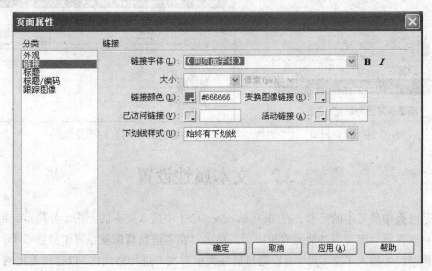

图 3-26　设置"链接"选项区域

③ 跟踪图像。跟踪图像是放在文档窗口中的 JEPG、GIF 或 PNG 图像。在"分类"列表框中选择"跟踪图像"选项，右侧选项主要用于设置隐藏图像、设置图像的不透明度和更改图像的位置，如图 3-27 所示。如果用户需要更改跟踪图像的透明度，在"跟踪图像"选项区域中拖动滑竿即可设置跟踪图像在文档窗口中的透明度。以上设置完成后单击"确定"按钮，完成页面属性的设置。

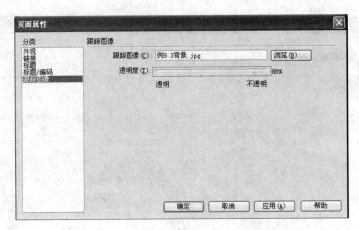

图 3-27　设置"跟踪图像"选项区域

6. 预览网页

保存好新建的文档之后，可以在浏览器中对所做的网页进行预览，预览的方法有：

方法一：按【F12】键。

方法二：在工具栏中单击 按钮，在弹出的快捷菜单中选择浏览器，如图 3-28 所示。
刚刚所做的网页预览效果如图 3-29 所示。

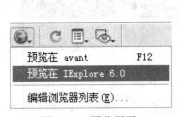

图 3-28　预览网页

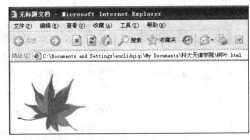

图 3-29　网页的预览效果

3.2　文本属性设置

　　文本是网页中最基本的元素，在 Dreamweaver CS3 中插入文本的方法十分简单，但是要使文本内容与页面背景、图片等其他元素相协调，那么对文本进行修饰就显得十分重要了。

　　在文档窗口中输入了文本后，可以通过属性面板对文本进行格式化，以达到美化网页的目的。文本属性的设置主要包括字体、字体大小、字体颜色、字体样式等的设置。

3.2.1　字体设置

　　使用"属性"面板或者"文本"菜单中的命令可以设置或更改所选文本的字体，具体操作步骤如下：

　　① 选择要编辑的文本。如果未选择文本，设置将应用于随后输入的文本。

　　② 选择"文本"|"字体"命令，选择相应的命令即可。

　　③ 可以在"属性"面板中实现对字体的设置。打开"属性"面板中的"字体"下拉列表框，

选择相应的字体项，如图 3-30 所示。

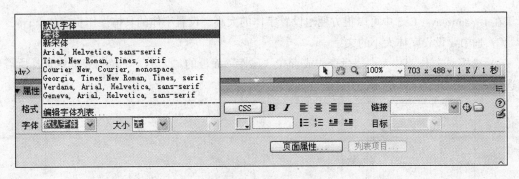

图 3-30 "属性"面板

④ 如果在"字体"下拉列表框中没有所需要的字体，可以选择"编辑字体列表"命令，弹出如图 3-31 所示的"编辑字体列表"对话框。

图 3-31 "编辑字体列表"对话框

⑤ 在该对话框的"可用字体"列表框中选择所需的字体，单击≪按钮，将所选的字体添加到"选择的字体"列表框中，如图 3-32 所示。

图 3-32 选择字体

⑥ 单击"确定"按钮，将所选字体添加到"字体"列表框中，选择该字体则改变了网页中所选文字的字体。

3.2.2 字体大小设置

在 Dreamweaver CS3 中可以很方便地设置字体的大小，设置字体的具体操作步骤如下：

① 选中要设置字体大小的文字。

② 选择"文本"|"大小"命令，或者在"属性"面板的"大小"下拉列表框中选择所需要的选项即可，如图 3-33 所示。

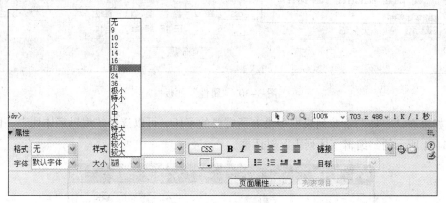

图 3-33 设置字体大小

3.2.3 字体颜色设置

在网页中合理地设置文字的颜色，可以增强网页的视觉效果，起到美观和协调的作用。设置字体颜色的具体操作步骤如下：

① 选中要设置颜色的文字。

② 选择"文本"|"颜色"命令，弹出如图 3-34 所示的"颜色"对话框，在其中选择一种颜色，然后单击"确定"按钮即可。

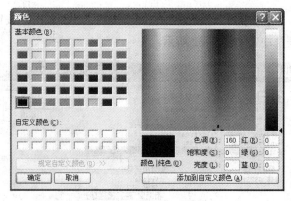

图 3-34 "颜色"对话框

也可以直接在"属性"面板上进行字体颜色的设置。单击"属性"面板上的▓按钮，打开如图 3-35 所示的字体颜色调色板，选择所需要的颜色，也可直接在▓按钮右边的文本框中输入颜色的十六进制数字或者颜色名称。

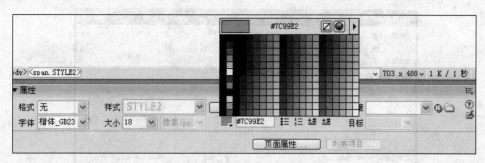

图 3-35　字体颜色调色板

3.2.4　字体样式设置

字体样式包括字体的加粗、倾斜等。在 Dreamweaver CS3 中，用户可以很容易地设置文字样式：先在页面中选择文字，然后在"属性"面板中单击 **B** 按钮，可以设置文字为粗体；单击 *I* 按钮，则设置文字为斜体。若要取消设置，可以再次单击该按钮即可。除此之外而，还可以使用快捷键设置字体的加粗和倾斜格式，按下【Ctrl+B】组合键，可以使文字加粗；按下【Ctrl+I】组合键，可以使文字倾斜。

3.3　图　像　操　作

随着网页技术的不断提高，如今几乎已经看不到纯文本的网页了，为了让网页更具吸引力，人们开始利用生动的图像精心装饰网页，以产生图文并茂的效果，因此，图像成为网页中不可缺少的设计元素。

由于图像在磁盘中压缩方式和存储方式的不同，因此存在着各种各样的图像文件，但是在 Web 页中通常使用的只有三种格式，即 GIF、JPG 和 PNG。目前，GIF 和 JPG 文件格式的图像的使用比较广泛，在大多数浏览器中都可以查看。了解了这些，下面学习如何在网页中插入和编辑图像。

3.3.1　插入图像

网页中显示的图像并不是嵌入到网页中的一部分，实际上，网页中的图像与文字是完全分开的，所有的图像都是被链接到页面中的，浏览器会通过相应的链接路径找到该图像文件，然后将它们在页面中显示出来。所以在网页中插入图像后，为了正确显示图像，该图像文件必须位于当前站点中。如果插入的图像不在该站点中，Dreamweaver CS3 会询问是否要将该文件复制到当前的站点中。在网页中插入图像，可以通过以下操作步骤来实现：

【例 3-4】在网页中插入一个图像。

操作步骤如下：

① 将光标定位在文档中要插入图像的位置。

② 选择"插入"|"图像"命令，或者在常用工具栏中单击 图 按钮，弹出如图 3-36 所示的对话框。在该对话框中，上面默认的"文件系统"选项代表从本地磁盘中选择图像文件，如果选择"数据源"选项，则可以从数据库中选择图像文件。

图 3-36　选择插入图像文件

③ 在对话框中选择要插入的图像文件，单击"确定"按钮，完成图像的插入操作。如果插入的图像文件不在该站点中，则会弹出如图 3-37 所示的对话框，询问是否要将该文件复制到当前的站点中。单击"是"按钮，在弹出的对话框中设置图像的名称以及在本地站点中的保存路径，如图 3-38 所示。

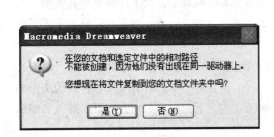

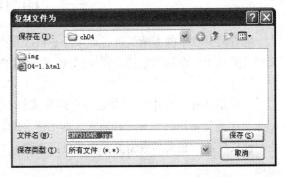

图 3-37　询问对话框

图 3-38　"复制文件为"对话框

④ 单击"保存"按钮，则将图像保存到本地站点中，同时弹出如图 3-39 所示的对话框，用于帮助用户设置辅助信息。

图 3-39　"图像标签辅助功能属性"对话框

⑤ 插入到文档窗口中的图像会以原始大小显示在页面中，如图 3-40 所示。

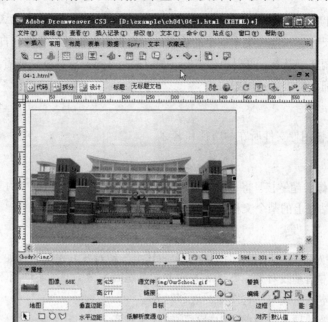

图 3-40　插入图像效果

3.3.2　设置图像属性

在页面中插入了图像后，可以在"属性"面板中对插入的图像进行属性设置，如图 3-41 所示。

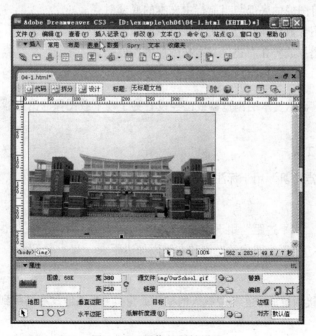

图 3-41　图像的属性设置

下面对"属性"面板中的各项进行简单说明。

1．宽和高

"宽"和"高"以像素为单位设定图像的宽度和高度。当用户向页面中插入图像时，系统会自动根据图像的原始尺寸更新这些文本框中的数据，用户也可以手动设置符合自己需求的图像宽度和高度。若对所作调整不满意，可以单击"宽"和"高"文本框的标签，或者单击"宽"和"高"文本框右边的 C 按钮，即可恢复原始值。

2．源文件

"源文件"指定该图像文件所在的路径和名称。

3．链接

"链接"指定图像的超链接。将"指定文件"图标 拖到"站点"面板中的某个文件，单击"文件夹"图标 浏览站点上的某个文档或手动输入 URL 地址。

4．对齐

"对齐"指的是对齐同一行上的图像与文本。其中各种对齐方式的特点如下：
- 默认值：通常指基线对齐，默认对齐的方式可能因为浏览器的不同而不同。
- 基线：将文本的基线与所选图像的底部对齐。
- 顶端：将图像的顶端与当前行中最高项的顶端对齐。
- 居中：将图像的中部与当前行的基线对齐。
- 底部：将图像的底端与文字基线对齐。
- 文本上方：将图像的顶端与当前行中最高字符的顶端对齐。
- 绝对居中：将图像的中部与当前行中文本的中部对齐。
- 绝对底部：将图像的底部与当前行中文本的底部对齐。
- 左对齐：将图像放置在左边，文本在图像的右侧换行。
- 右对齐：将图像放置在右边，文本在图像的左侧换行。

5．替换

"替换"指定在只显示文本的浏览器或已经设置为手动下载图像的浏览器中代替图像显示的替换文本。

6．地图和热点工具

"地图"和"热点工具"用于标注和创建客户端图像地图。

7．边距

"垂直边距"和"水平边距"用于设置图像边缘的边距大小，"垂直边距"为图像的顶部和底部添加边距，"水平边距"为图像的左侧和右侧添加边距。

8．目标

"目标"指定链接的页面应在其中载入的框架或窗口（当图像没有链接到其他文件时，此选项不可用）。

3.3.3 编辑图像

Dreamweaver CS3 提供基本图像编辑功能,用户无需使用其他的图像编辑软件即可对图像进行简单的编辑,如重新取样、剪裁、锐化和调整亮度或对比度。

1. 重新取样

对图像进行重新取样是通过添加或减少像素对已调整大小的图像进行简单的编辑,使之在外观质量上与原图像尽可能地接近。对图像进行重新取样后会减小图像文件的大小,因此其下载性能将会提高。在对一个已经改变大小的图像进行重新取样时,只要单击"属性"面板中的"重新取样"按钮 ,则图像会被重新取样。

2. 剪裁图像

当网页中插入的图像比较大,而用户只需要其中的一部分图像时,可以使用 Dreamweaver CS3 提供的"剪裁"工具对图像进行剪裁。

【例 3-5】对例 3-4 中插入的图像进行剪裁。

操作步骤如下:

① 单击图像"属性"面板中的"剪裁"按钮 ,则图像周围出现一个剪裁框,如图 3-42 所示。

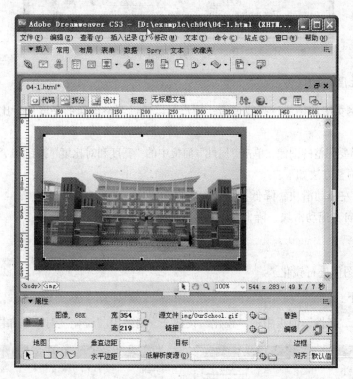

图 3-42 剪裁框

② 将光标指向剪裁框的控制点上拖动鼠标,可以改变剪裁框的大小;将光标指向剪裁框的内部并拖动鼠标,可以调整剪裁框的位置。

③ 调整好剪裁框的位置和大小后，在剪裁框内双击或者再次在"属性"面板上单击"剪裁"按钮 ☒，则剪裁框以外的图像即被剪切，如图 3-43 所示。

图 3-43　剪切后的图像

3. 亮度/对比度

如果插入到网页中的图像过亮或过暗，用户可以通过调整图像的亮度和对比度来对图像进行修正。

在网页中选择要调整的图像，单击"属性"面板中的"亮度和对比度"按钮 ◐，则弹出如图 3-44 所示的对话框，调整方法如下：

"亮度"：向左拖动滑块，降低亮度；向右拖动滑块，提高亮度。

"对比度"：向左拖动滑块，降低对比度；向右拖动滑块，提高对比度。

4. 锐化图像

【例 3-6】对图像进行锐化。

操作步骤如下：

① 单击图像"属性"面板中的"锐化"按钮 △，则弹出"锐化"对话框如图 3-45 所示。

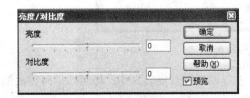
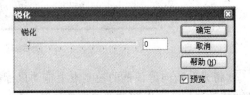

图 3-44　"亮度/对比度"对话框　　　　图 3-45　"锐化"对话框

② 根据需要调整锐化值的大小，也可在文本框中输入一个 0～10 之间的值进行锐化调整，值越大，锐化程度越大。

③ 调整好后，单击"确定"按钮，即完成了对图像所作的更改。如图 3-46 所示为锐化前后的图像效果对比。

（a） （b）

图 3-46　锐化前后的图像效果对比

3.4　超链接的创建与管理

超链接在网页中占据了举足轻重的位置，是网络的灵魂。通过超链接可以从一个站点跳转到另外一个站点，从一个网页跳转到另外一个网页，此外，还可以链接到一个供下载的文件，链接到一个电子邮件地址等。所以，超链接的重要性是不言而喻的。

3.4.1　超链接相关常识

1．超链接的分类

根据超链接目标端点的不同，可以将超链接分为站点链接、页面超链接、页内链接、E-mail链接和下载链接。

① 站点链接：指网站与网站之间的链接，常见的"友情链接"就属于站点链接。

② 页面超链接：指同一网站内部的页面之间的链接。

③ 页内链接：指在同一页面内由一个位置跳转到另一个位置的链接，这种链接需要通过锚记实现。

④ E-mail 链接：指单击链接后启动 E-mail 邮件程序，允许用户发送邮件到指定的地址。

⑤ 下载链接：指链接的目标端点不是浏览器能够识别的文档，而是如 EXE 文件、ZIP 文件、RAR 文件等，这种链接主要用于向用户提供下载服务。

2．链接路径

在网站中每一个网页文件都有一个独立的地址，也就是通常所说的 URL（统一资源定位器），该网站下的所有网页都在该地址之下，而不必为每一个链接输入完整的地址，只要确定当前文件与站点根目录之间的相对路径即可。在 Dreamweaver CS3 中，路径一般有如下几种：

（1）绝对路径

绝对路径提供完全的路径，通常使用 http:// 来标识。绝对路径不管源文件在什么位置都可以非常精确地找到，除非目标文档的位置发生变更，否则链接就不会失效。当链接到其他服务器上的文档时，必须使用绝对路径。尽管对本地链接也可使用绝对路径链接，但不建议采用这种方式，因为一旦将此站点移动到其他区域，则所有本地绝对路径链接都将断开。

（2）相对路径

相对路径则是指由这个文件所在的路径引起的跟其他文件（或文件夹）的路径关系。这是网站制作过程中比较常用的一种方式，适合于网站的内部链接。使用相对路径时，如果网站中某个文件的位置发生了变化，Dreamweaver CS3 也会提示自动更新链接。

（3）根路径

根路径也适用于创建网站的内容链接，但不太常用，根路径以"/"开始，然后是根目录中的目录名，如/chap04/index.html，是文件 index.html 的根路径，该文件位于站点根文件夹的 chap04 子文件夹中，但一般情况下不建议使用该路径形式。根路径只能由服务器来解释，所以在自己的计算机上打开一个带有根路径链接的网页，上面的所有链接都将是无效的。

在下面的内容中，将通过介绍北京科技大学天津学院的网站实例，来讲解各种超链接的创建和使用方法。实例的主页如图 3-47 所示。

图 3-47　实例主页

3.4.2　超链接的创建

1. 创建页面之间的超链接

在实例的主页上有"校园风光"这一项介绍，对其设置页面链接，从而实现单击"校园风光"后能够进入介绍学校风光的页面。下面通过例子进行讲解设置页面之间链接的方法。

【例 3-7】创建一个页面之间的超链接。

选中"校园风光"四个字，然后在"属性"面板的"链接"文本框中输入目标页面文件的 URL，或者单击旁边的"浏览文件"按钮 🗁 ，弹出"选择文件"对话框，在站点中选择相应的页面文件作为超链接的目标文件，如图 3-48 所示。

图 3-48　选择页面之间链接的文件

采用相同的方法对"专业介绍"的链接进行设置，两个页面链接做好后在浏览器中运行实例主页，单击"校园风光"链接，可以跳转到如图 3-49 的页面，单击"专业介绍"链接可以跳转到如图 3-50 的页面。

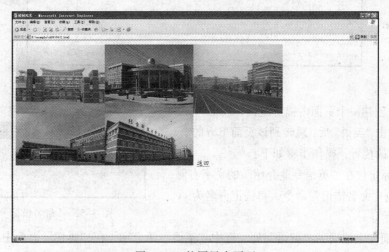

图 3-49　校园风光页面

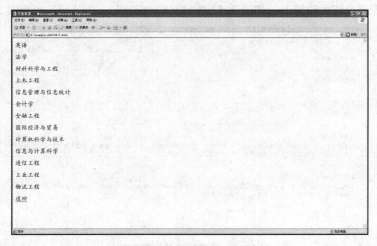

图 3-50　专业设置页面

2．创建页内锚点链接

一般来说，当一个网页的内容过多而无法一屏显示时，可以使用页内链接，这样可以方便访问者浏览网页内容。如果要创建页面内部超链接，首先要设置锚记，然后将要跳转的对象链接到这个锚记上，从而实现页内链接，这就是锚点链接技术。以实例为例，在专业设置页面中，如果所有专业名称下面是详细介绍各专业的科目设置，如图 3-51 所示，那么，可以采用锚点链接技术实现页面内部的跳转。

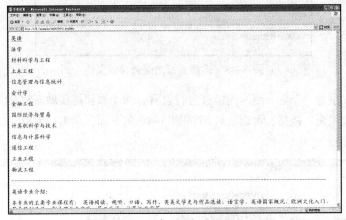

图 3-51　专业介绍页面

【例 3-8】创建一个页面内锚点链接。

要实现单击"英语"后，跳转到该页面下方的"英语专业介绍"的位置，操作步骤如下：

① 将光标定位在"英语专业介绍"的文字右侧，选择"插入"|"命名锚记"命令，将锚记命名为 yy，如图 3-52 所示。

图 3-52　"命名锚记"对话框

② 将页面向上滚动到"英语"处，选中"英语"两个字，在"属性"面板中的链接文本框中输入#号和锚记的名称 yy，这样就实现了页面内锚记的链接。预览网页后单击"英语"，页面定位在英语专业课程介绍的位置上，如图 3-53 所示。

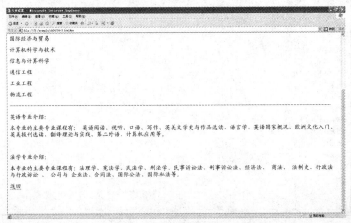

图 3-53　预览网页验证锚记链接

3．创建站点链接

【例 3-9】创建站点链接示例。

以实例为例，要实现单击友情链接跳转到北京科技大学的主页上，这就属于站点之间的链接。操作步骤如下：

① 选中"友情链接"四个字，然后在"属性"面板的"链接"文本框中输入北京科技大学主页的地址 http://www.ustb.edu.cn/ustbcn/，如图 3-54 所示。

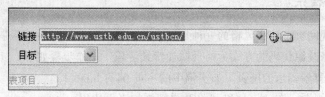

图 3-54 输入要链接的站点地址

② 根据实际需要，可以在"属性"面板的"目标"选项中设置链接页面在浏览器中的打开方式，共有四个选项：

- _blank：在一个新浏览器窗口中载入所链接的网页。
- _parent：在该链接所在框架的父框架或父窗口中载入所链接的网页。
- _self：在该链接所在的同一个框架或窗口中载入所链接的网页。
- _top：在整个浏览器窗口中载入所链接的网页。

③ 保存全部网页，然后按【F12】键预览网页，当用户单击"友情链接"时，页面跳转至北京科技大学的主页上。

4．创建电子邮件链接

在实例主页上的最后一项是"联系我们"，要实现单击此处可以实现用户给我方发邮件的功能，就要用到 E-mail 链接技术。

【例 3-10】创建一个电子邮件链接。

操作步骤如下：

① 将光标定位在"联系我们"的位置上，把原有的"联系我们"删掉。

② 选择"插入"|"电子邮件链接"命令，弹出如图 3-55 所示对话框。在"文本"文本框中输入要显示的文字"联系我们"，在 E-mail 文本框中输入电子邮件地址。

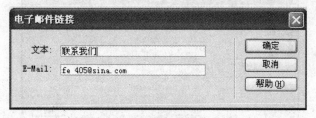

图 3-55 "电子邮件链接"对话框

③ 单击"确定"按钮，则在页面中创建了 E-mail 的链接。

④ 保存文件，按【F12】键可以预览网页的电子邮件链接效果。

3.5 使用多媒体对象

随着网络行业的快速发展，枯燥乏味的静态页面很难再引起浏览者的兴趣，所以就要向网页中插入一些 Flash 动画、音频、视频、Java Applet 小程序等多媒体对象来使网页变得有声有色、更具吸引力。本节只要讲解如何使用 Dreamweaver CS3 给网页插入背景音乐和其他的音频视频文件。

3.5.1 添加背景音乐

背景音乐是体现网页个性和风格的一种常用手段，但由于背景音乐并不是一种标准的网页属性，所以需要通过修改源代码的方式为网页添加背景音乐。操作步骤如下：

① 打开要添加背景音乐的网页，如实例中的主页 04-1.html。

② 切换到代码视图，在<head>和</head>之间添加以下代码：

```
<bgsound src="music/bg.mid" loop=1>
```

bgsound 标签的基本属性是 src，用于指定背景音乐的源文件。常用属性 loop 用于指定背景音乐的重复次数，本例设置重复 1 次，如果不设置该属性，则背景音乐无限循环。

③ 保存全部网页，按【F12】键预览网页，自动播放加入的背景音乐。

3.5.2 使用声音与视频

除了将音频文件用于网页的背景音乐之外，还可以在网页中嵌入音频或视频，从而进一步丰富页面的吸引力，下面通过一个例子来进行讲解。

【例 3-11】插入一段准备好的视频。

准备一个音频文件 bg.mid 放在站点文件夹中的 music 文件夹下，准备两个视频文件 01.mpg 和 02.mpg 放在站点文件夹中的 video 文件夹下。将准备好的音频文件和视频文件嵌入到实例的网页中，操作步骤如下：

① 在主页上添加"娱乐一下"的文字选项，并在站点中新建一个空白页用于添加音频和视频文件，然后设置好页面链接。

② 打开新建的文档，将插入点定位到要嵌入文件的位置，本例选择左上角，然后选择"插入"｜"媒体"｜"插件"命令。

③ 在"选择文件"对话框中选择要嵌入的视频文件，本例中选择 01.mpg，如图 3-56 所示。

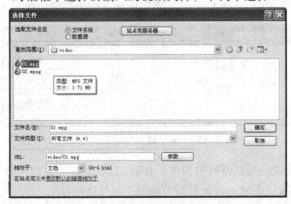

图 3-56　选择要嵌入的插件文件

④ 修改"属性"面板中的"高"和"宽"文本框中的数值或者通过在设计窗口中调整插件占位符的大小，从而确定播放器控件在浏览器中的显示大小，如图 3-57 所示。

图 3-57 设置插件大小

⑤ 依照同样方法可以将其他素材添加到"娱乐一下"的网页中，最后保存进行预览，添加的音乐和视频都可以在网页中播放。

3.6 表 格 操 作

表格是网页设计制作中不可缺少的重要元素，它以简洁明了和高效快捷的方式将数据、文本、图片以及表单等元素有序地显示在页面上，从而设计出版式漂亮的页面。

3.6.1 插入表格

下面将"专业设置"页面上的各种专业利用表格进行页面美化。

【例 3-12】插入一个 12 行 3 列的表格。

操作步骤如下：

① 将光标定位在"专业设置"页面的顶端。

② 选择"插入"|"表格"命令，或者按【Ctrl+Alt+T】组合键，弹出如图 3-58 所示对话框。

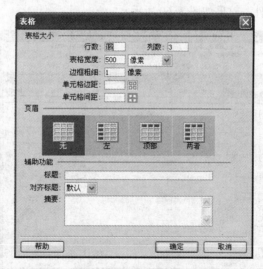

图 3-58 设置表格参数

③ 在对话框中输入相应的参数，包括表格的行数、列数、边框的宽度及表格的标题。

④ 参数设置完成后，单击"确定"按钮，即可在光标位置插入一个表格，对表格大小调整后，如图 3-59 所示。

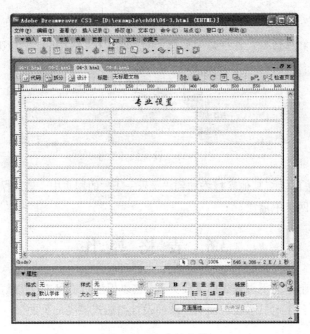

图 3-59　生成的表格

3.6.2　编辑表格

1．制作表格的背景图像

【例 3-13】为表格添加背景图像。

选中整个表格，单击"属性"面板中的"背景"文本框后的"浏览"按钮，定位图像背景为 img 文件夹下的 bbg.gif 文件，效果如图 3-60 所示。

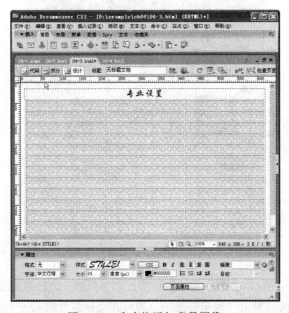

图 3-60　为表格添加背景图像

2. 设置单元格的格式

在向表格输入内容之前，最好先将各个单元格的宽度固定下来，这样可以防止单元格变形。选择所有单元格，在"属性"面板中将宽度设置为 100 像素、单元格内的对齐方式为"水平"和"垂直"均为"居中对齐"，如图 3-61 所示。

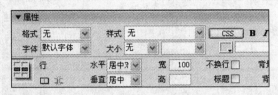

图 3-61　设置单元格的格式

3. 向单元格中输入内容

在表格第一行左边右击，在弹出的快捷菜单中选择"表格"级联菜单中的"插入行"命令，在第一行的三个单元格内分别填入"系别名称"、"专业名称"和"科类"，然后将本章实例中，之前的所有专业都填进表格"专业名称"的一列，效果如图 3-62 所示。

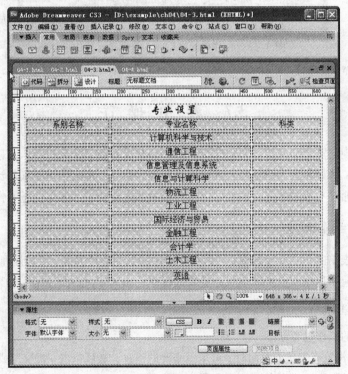

图 3-62　输入已有单元格内容

4. 合并单元格

本章实例中，由于一个系别对应几个专业，所以第一列中涉及到单元格的合并问题。方法是：选中需要合并的几个单元格，然后右击，选择"表格"级联菜单中的"合并单元格"命令，合并完成后，输入最后需要填写的内容，结果如图 3-63 所示。

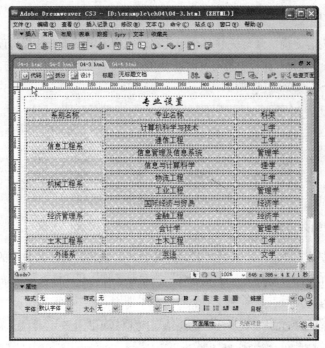

图 3-63　合并单元格后输入全部单元格内容

最后保存预览验证网页。

3.7　表　单　操　作

表单用于实现浏览者和网站之间信息交互的一种网页对象，使用表单，可以帮助服务器从用户那里收集信息，例如收集用户资料、获取用户订单，在 Internet 中表单被广泛应用于各种信息的搜集与反馈。通过本节的学习，读者可以掌握基本的表单知识和表单的基本操作方法。

3.7.1　表单的基本概念

一个完整的表单由两个部分组成：一是在页面中看到的表单界面；二是处理表单数据的程序，它可以是客户端应用程序，也可以是服务器端的程序，如 ASP、JSP、PHP、CGI 等。

1．表单的工作原理

通常，表单的工作过程如下：

① 访问者在浏览有表单的页面时，可填写必要的信息，然后单击"提交"或者"确定"按钮。

② 这些信息通过 Internet 传送到服务器上。

③ 服务器上有专门的程序对这些数据进行处理，如果有错误会返回错误信息，并要求纠正错误。

④ 当数据完整无误后，服务器反馈一个输入完成信息。

2．认识表单对象

在 Dreamweaver CS3 中，表单输入类型称为表单对象，制作表单可以通过表单对象来实现。可以通过选择"插入"|"表单对象"命令来插入表单对象，或者通过如图 3-64 所示的"插入"

工具栏的"表单"面板访问表单对象来插入表单对象。

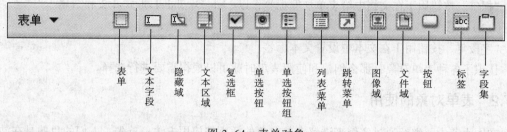

图 3-64 表单对象

（1）表单

"表单"按钮用于在文档中插入表单。任何其他表单对象，如文本域、按钮等，都必须插入表单之中，这样所有浏览器才能正确处理这些数据。

（2）文本区域

"文本区域"按钮用于在表单中插入文本域。文本域可接受任何类型的字母数字项。输入的文本可以显示为单行、多行或者显示为项目符号或星号（用于保护密码）。

（3）复选框

"复选框"按钮用于在表单中插入复选框。复选框允许在一组选项中选择多项，用户可以选择任意多个适用的选项。

（4）单选按钮

"单选按钮"用于在表单中插入单选按钮。单选按钮代表互相排斥的选择。选中一组中的某个按钮，就会取消选择该组中的所有其他按钮。例如，用户可以选中"是"或"否"单选按钮。

（5）单选按钮组

"单选按钮组"用于插入共享同一名称的单选按钮的集合。

（6）列表/菜单

"列表/菜单"按钮使用户可以在列表中创建用户选项。"列表"选项在滚动列表中显示选项值，并允许用户在列表中选择多个选项。"菜单"选项在弹出式菜单中显示选项值，而且只允许用户选择一个选项。

（7）跳转菜单

"跳转菜单"用于插入可导航的列表或弹出式菜单。跳转菜单允许用户插入一种菜单，在这种菜单中的每个选项都链接到文档或文件。

（8）图像域

"图像域"按钮使用户可以在表单中插入图像。可以使用图像域替换"提交"按钮，以生成图形化按钮。

（9）文件域

"文件域"按钮用于在文档中插入空白文本域和"浏览"按钮。文件域使用户可以浏览到其硬盘上的文件，并将这些文件作为表单数据上传。

（10）按钮

"按钮"用于在表单中插入文本按钮。按钮在单击时执行任务，如提交或重置表单。可以为按钮添加自定义名称或标签，或者使用预定义的"提交"或"重置"标签之一。

（11）标签

"标签"按钮用于在文档中给表单加上标签，以< label></ label>形式开头和结尾。

（12）字段集

"字段集"按钮用于在文本中设置文本标签。

认识了各种表单对象，那么创建和使用表单时就可以根据需要进行选择。

3.7.2　表单对象的使用

在本小节中，继续通过实例来讲解表单对象的插入和使用方法。首先，人们的目的是在站点中新加一个"留言簿"页面，所以要在主页面上添加一个"留言簿"链接，然后新建一个关于留言簿的表单页面 04-5.html。

【例3-14】创建一个留言簿表单。

操作步骤如下：

① 打开网页。在 Dreamweaver CS3 中打开新建的页面 04-5.html。

② 插入表格。在创建表单之前，先插入一个用于布局的表格，然后在表格中插入表单。这样可以对表单进行定位，表单外框的大小也很容易控制。选择页面的对齐方式为居中对齐，插入一个 2 行 1 列的表格，宽度设为 600 像素，由于该表格是用于布局的，所以将表格的边框粗细设置为 0。

将光标定位于表格的第一行，设置对齐方式为居中对齐，字体设置为"华文行楷"，大小为 36 像素，然后输入"留言簿"，如图 3-65 所示。

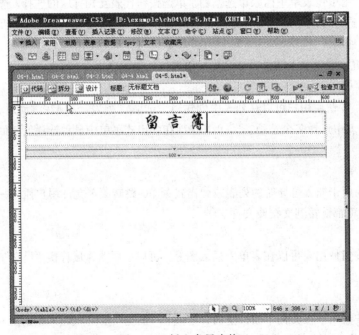

图 3-65　插入布局表格

③ 插入表单。在使用表单对象之前，必须首先在页面上添加表单。将光标定位于表格的第二行，设置对齐方式为居中对齐，选择"插入"工具栏上的"表单"类别，然后单击"表单"图

标插入表单，表单名称为 myform，插入的表单如图 3-66 所示。表单区域的边界为红色虚线外框，只有在红色区域内才能插入表单对象，虚线框在浏览器中是不可见的。

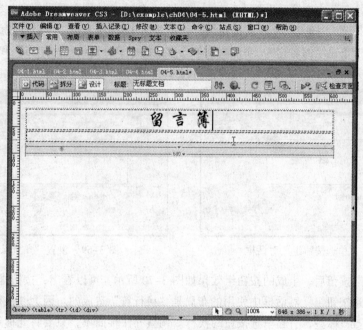

图 3-66　插入表单

④ 插入文本框。将光标定位在表单中，先输入"姓名"两个字作为输入提示，然后单击工具栏上的"文本字段"图标 ，插入一个单行文本框。在"属性"面板中设置文本框的名字为 xm，字符宽度和最大字符宽度均为 20，类型为"单行"，效果如图 3-67 所示。

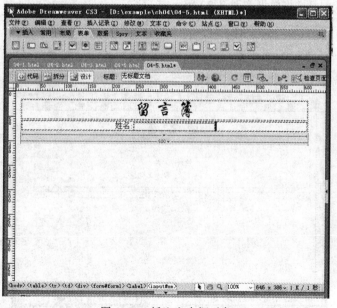

图 3-67　插入文本框对象

⑤ 插入单选按钮。在要求用户从一组选项中只能选择一个选项时，要使用单选按钮。单选按钮要成组地使用。一个组中的所有单选按钮必须具有相同的名称，而且必须包含不同的域值。

在表单中"姓名"文本框后面按【Enter】键换行，输入"性别"提示信息。单击工具栏上的"单选按钮组"图标 ，插入一个单选按钮组，弹出如图 3-68 所示的"单选按钮组"对话框。在对话框中设置单选按钮组的名称为 xb，两个单选按钮的标签分别设置为"男"和"女"，提交值也分别设置为"男"和"女"，布局使用"换行符"，如图 3-69 所示。

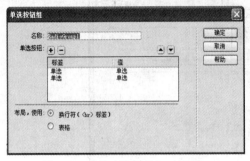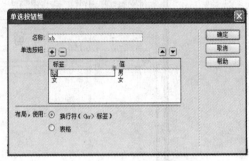

图 3-68　"单选按钮组"对话框　　　　　图 3-69　设置"单选按钮组"

单击"确定"按钮后，生成的按钮组效果如图 3-70 所示。可以看出，按钮排列上存在错乱，这是由于在"单选按钮组"对话框中使用的布局是"换行符"造成的。因为"换行符"自动在单选按钮之间插入
标签，引起单选按钮的换行。调整办法很简单，只要将光标定位到单选按钮"男"之后，按【Delete】键删除
标签即可，调整后的效果如图 3-71 所示。

⑥ 插入复选框。复选框允许用户从一组选项中选择多个选项。在表单中单选按钮组后面按【Enter】键换行，输入"特长"提示信息。单击工具栏上的"复选框"图标 ，插入一个复选框。在"属性"面板中设置复选框的名称为 yy，选定值为 yy，初始状态为"未选中"，在复选框后面输入"音乐"，生成的复选框效果如图 3-72 所示。

图 3-70　错乱的单选按钮效果

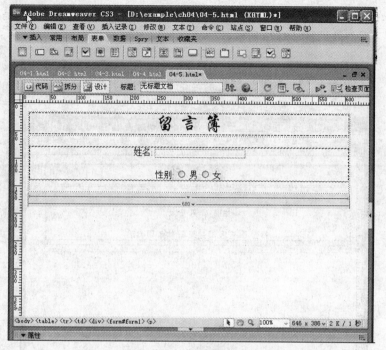

图 3-71　调整后的效果

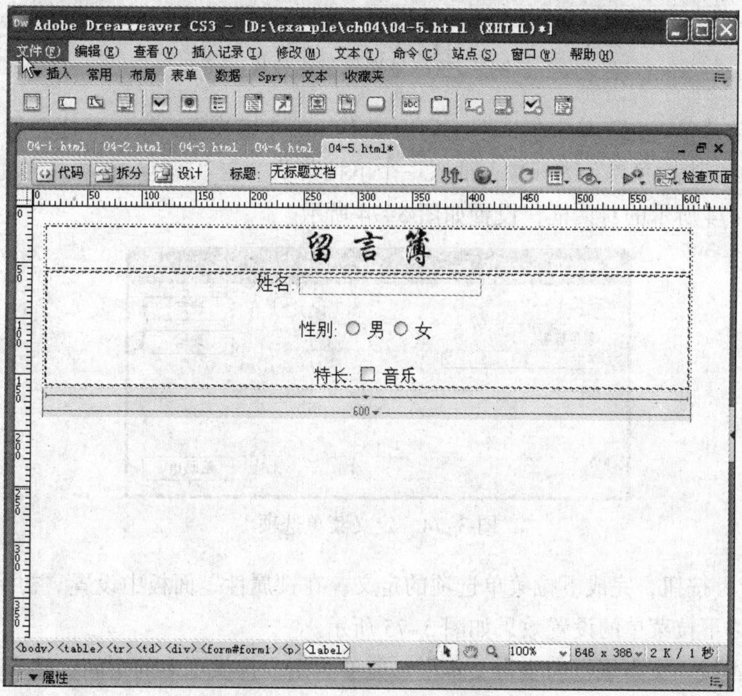

图 3-72　生成的复选框效果

按照同样的方法，在"音乐"复选框的右边接着制作其他三个复选框，分别是"绘画"、"体育"和"舞蹈"。最终效果如图 3-73 所示。

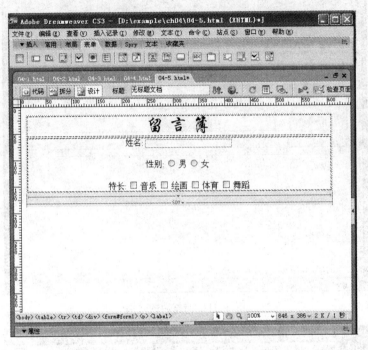

图 3-73　复选框最终效果

⑦ 插入下拉菜单。在表单中复选框组后面按【Enter】键换行，输入"社会角色"提示信息。单击工具栏上的"列表/菜单"图标，插入一个下拉菜单。在"属性"面板中单击"列表值"按钮，弹出如图 3-74 所示的对话框，设置如图 3-74 所示。

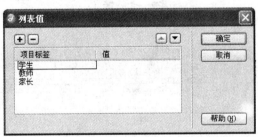

图 3-74　定义菜单选项

单击"确定"按钮，完成下拉菜单选项的定义。在"属性"面板中设置"初始化选定"的值为"学生"，最终下拉菜单的设置效果如图 3-75 所示。

⑧ 插入文本域。文本域也叫多行文本框，能够为用户提供更多的空间，输入更多的信息。

在表单中下拉菜单的后面按【Enter】键换行，输入"请您留言"提示信息。单击工具栏上的"文本区域"图标，插入一个文本域。在"属性"面板中命名文本域为 point，字符宽度为 40，行数为 5，换行为"默认"，类型为"多行"。生成的文本域的效果如图 3-76 所示。

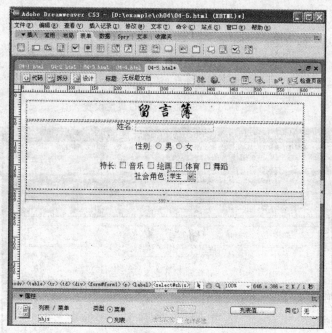

图 3-75 下拉菜单的设置效果

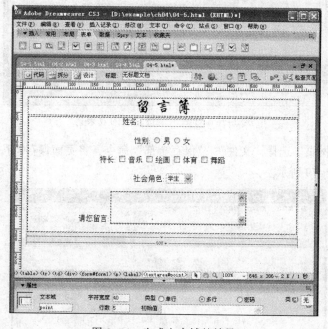

图 3-76 生成文本域的效果

⑨ 插入按钮。在表单中文本域的后面按【Enter】键换行，单击"按钮"图标 □，插入一个提交按钮。"属性"面板中按钮的名称和标签使用系统默认的即可，同法插入重置按钮，将对应的"属性"面板中动作设为"重置表单"，则标签值自动改为"重置"，只需改变按钮名称为 Reset 即可，如图 3-77 所示。

最终，此页面的效果如图 3-78 所示。

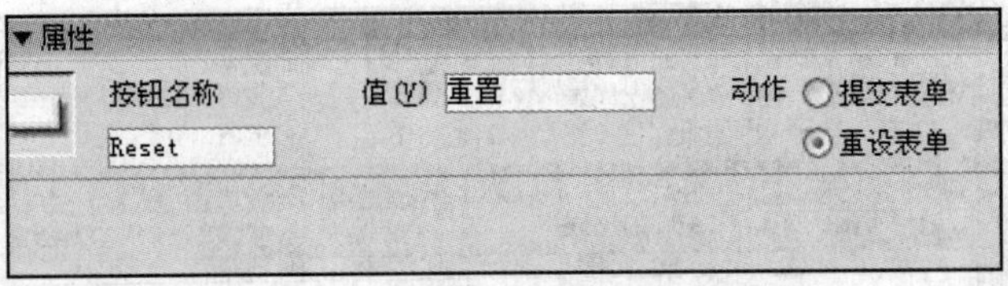

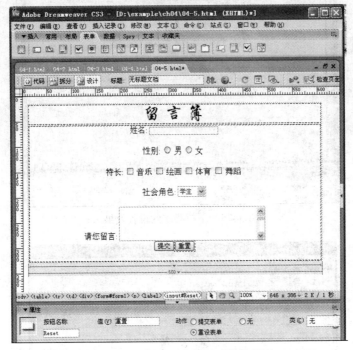

图 3-77 "重置"按钮的属性设置

图 3-78 插入两个按钮后的效果

⑩ 保存并预览网页。选择"文件"|"保存全部"命令，将页面保存，按【F12】键预览验证网页，效果如图 3-79 所示。

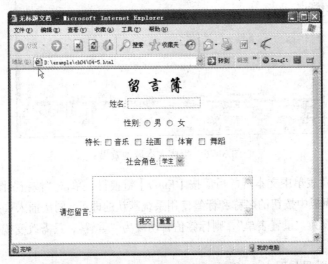

图 3-79 表单网页的效果

3.7.3　检查表单

　　"检查表单"命令检查指定文本域的内容，以确保用户输入了正确的数据类型。使用 onBlur 事件将此动作分别附加到各文本域，在用户填写表单时对域进行检查；或使用 onSubmit 事件将其附加到表单，在用户单击"提交"按钮同时对多个文本域进行检查。将此动作附加到表单，防止表单提交到服务器后出现指定的文本域中包含无效的数据。

　　应当注意的是，"检查表单"行为仅在文档中已插入了文本域的情况下才可用。对于下面的实例来说，检查表单的目的是"姓名"文本框必须输入内容，如果没有输入内容，那么在表单提交后弹出警告信息。操作步骤如下：

　　选中整个表单，打开"行为"面板，单击上面的 ±按钮，弹出下拉菜单，选择"检查表单"命令，弹出对话框如图 3-80 所示。

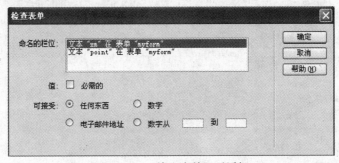

图 3-80　"检查表单"对话框

其中各选项的含义如下：
- 命名的栏位：选择需要验证的文本字段或文本域。
- 值：如果要求文本字段或文本域中必须输入内容，则选中"必需的"复选框。
- 可接受：该项为"任意东西"时，可以接受任何输入形式的数据；该项为"数字"时，则只能接受数值型数据；该项为"电子邮件地址"时，只能接受合法的电子邮件地址（即检查是否包含@符号）；该项为"数字从…到…"时，只能接受某个数值范围内的数据。

　　选择第一项"文本"xm"在表单"myform""，选中"必需的"复选框，设置"姓名"文本字段为必须输入内容的验证规则，如图 3-81 所示。

图 3-81　设置"姓名"文本字段的验证规则

　　think 文本域不做任何验证，可以输入任何形式的数据。单击"确定"按钮，完成检查表单的设置。最后保存并预览网页。

习　题

1. 制作一个纯文本的网页，并设计不同的字体和颜色。
2. 制作一个含有背景图像的网页。
3. 制作一个图文混排的网页，注意文本与图像之间的协调。
4. 使用表格制作一个图文并茂的网页，要求网页中有丰富的内容和超链接。
5. 制作一个在网页中嵌入视频文件的网页。
6. 制作一个用户注册表单，内容自行设计。

第 4 章 Dreamweaver 高级操作

前面都是关于 Dreamweaver CS3 的一些基本操作，通过前面的学习，可以制作出各种风格的网站。除此之外，Dreamweaver CS3 在更新及维护网站、网页的编辑、网页交互及网页特效等方面也同样具有强大的功能。

4.1 框　　架

前面已经学习过了表格的网页定位技术，现在来学习另外一种定位技术——框架（frame）。框架技术可以将浏览器显示空间分割成几个部分，每个部分可以独立显示不同的网页，对于整个网页设计的整体性的保持也是有利的；但它的缺陷又同样明显，对于不支持框架结构的浏览器，页面信息不能显示。不过，现在大部分人使用的都是微软探索者（Internet Explorer）浏览器 6.0 或更高版本，它们都支持框架结构，因此用框架制作的网页愈来愈多，最典型的例子如各个大型网站的论坛。

框架由框架集（frameset）和单个框架组成。框架集是在一个文档内定义一组框架结构的 HTML 网页。单个框架是指框架集中的单个区域。所以，框架集是单个框架的集合。

4.1.1　框架的基本操作

1. 创建框架和框架集

在 Dreamweaver CS3 中，可以使用两种方式创建框架集，一种是直接插入 Dreamweaver CS3 预定义的框架集，另一种是自己创建框架集。

（1）插入预定义的框架集

Dreamweaver CS3 中提供了许多预定义的框架结构，插入预定义框架集最常用的方法有两种：

- 选择"插入" | "HTML" | "框架"命令，从打开的子菜单中选择要插入的框架集。
- 单击"布局"面板中的预定义框架集按钮 □·，插入相应的框架集。

（2）创建框架集

首先，选择"查看" | "可视化助理" | "框架边框"命令，确保可以显示框架边框。

然后，选择"修改" | "框架页"命令，在子菜单里选择命令创建框架，如图 4-1 所示。选择命令以后，效果如图 4-2 所示。

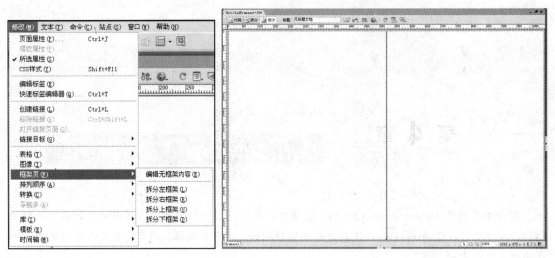

图 4-1　拆分框架　　　　　　　　　　　　　图 4-2　拆分后的效果

最后，将鼠标置于上、下、左或右任意一个边框上，当鼠标形状变成"↔"或"↕"时，直接拖动框架边框，在水平方向或垂直方向创建框架即可。通过这种方式，可以创建多个框架，效果如图 4-3 所示。

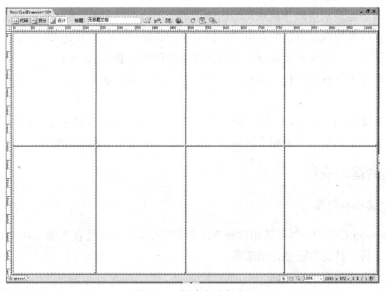

图 4-3　创建多个框架

2．选择框架和框架集

要设置框架或框架集的属性，必须先选择框架或框架集。选择都是在"框架"面板中进行的。

首先，选择"窗口" | "框架"命令或按【Shift+F2】组合键打开框架面板。刚开始打开"框架"面板，不包含任何框架，如图 4-4 所示。而当在其中插入框架集以后，面板中才会有内容。本面板在整个框架创建中起着决定性的作用。通过"框架"面板可以选择单个框架或者选择框架集。

在"框架"面板中，单击某个框架就可以选中相应的框架，如图 4-5 所示，选中的是上方 topFrame 框架。而单击框架集的外围，即可选中框架集，如图 4-6 所示。

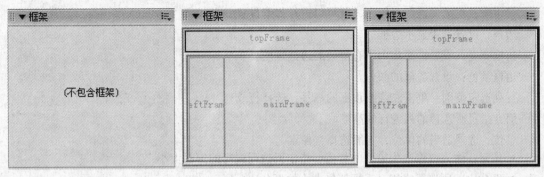

图 4-4 没有框架　　　　　图 4-5 选中单个框架　　　　　图 4-6 选中框架集

3. 设置框架和框架集的属性

（1）设置框架的属性

选择框架后，打开框架的"属性"面板，如图 4-7 所示。

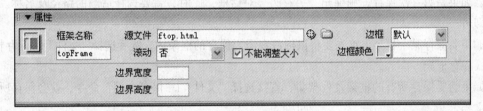

图 4-7 框架的"属性"面板

通过框架的"属性"面板，可以设置如下属性：

框架名称：是链接的 target 属性或脚本在引用该框架时所用名称。

源文件：指定框架中显示的文档。

滚动：设置是否在框架中出现滚动条。

不能调整大小：选择该项后，用户不能拖动框架边框改变框架的大小。

边框：是否显示框架边框。

边框颜色：设置所选边框的颜色。

边框宽度：输入以像素为单位的数值，确定框架左边框与右边框之间的距离。

边框高度：输入以像素为单位的数值，确定框架上边框与下边框之间的距离。

（2）设置框架集的属性

选择框架集后，框架集的"属性"面板也会随之打开，如图 4-8 所示。

图 4-8 框架集的"属性"面板

接下来，在"属性"面板中，就可以进行如下设置：

边框：设置是否显示边框。

边框宽度：设置框架集中所有框架的边框宽度。

边框颜色：设置边框的颜色。

行列选定范围：单击左侧或顶部的标签，选择行或列。

值：指定所选择的列或行的高度。

单位：选择适当的单位，一般选择"像素"。

- 像素：输入以像素为单位的数值，指定所选列或行的绝对大小；
- 百分比：所选行或相对于框架集大小的百分比；
- 相对：在选择"像素"和"百分比"空间后，分配剩余的框架空间。

4．保存框架和框架集

如果要保存框架集，首先就要选择框架集，然后选择"文件"|"保存框架集"命令，保存框架集。如果是第一次保存，则弹出"另存为"对话框，此时，就要选择适当的路径及名称。最后保存即可。

如果要保存某个框架，首先要将鼠标放在需要保存的框架内；然后选择"文件"|"保存框架"命令，保存框架。

如果想要保存所有的框架及框架集，直接选择"文件"|"保存全部"命令，就会保存所有打开的文档。

5．框架中的链接

在框架中，最经常用到的就是：单击左边框架中的导航条，在右侧窗口就会显示相应的链接内容。这就需要将左边框架的导航条链接的目标窗口设置为右侧框架窗口。

在为导航条设置链接时，需要指定链接的文件在哪个窗口打开。首先选中导航文本或图片，在其"属性"面板中的"目标文本框"进行设置即可，导航条"属性"面板如图4-9所示。

图4-9　导航条的"属性"面板

默认情况下"目标"的下拉列表框中总有四个目标：

- _blank：在新的浏览器窗口中打开链接的文档，同时保持当前窗口不变；
- _parent：在显示链接的框架的父框架集中打开链接的文档，同时替换整个框架集；
- _self：在当前框架中打开链接，同时替换该框架中的内容；
- _top：在当前浏览器窗口中打开链接的文档，同时替换所有框架。

除了以上几个目标外，还可以在"目标"文本框中输入当前某一个框架名称。

4.1.2　框架的应用

1. 设计目标

制作一个使用框架排版的网页，页面一共由三个部分组成：上方的网站标志区、左边的导航区及右边的内容区。在浏览网页时，单击左边区域的某个文本链接，则对应的链接内容就显示在右边区域。自始至终，上方的网站标志和左边的导航栏仍然保留在屏幕上，实例效果如图 4-10 所示，图 4-10（a）是首页的内容：关于网页设计与制作的简介；图 4-10（b）是在单击导航条中的"设计基础"以后出现的页面。

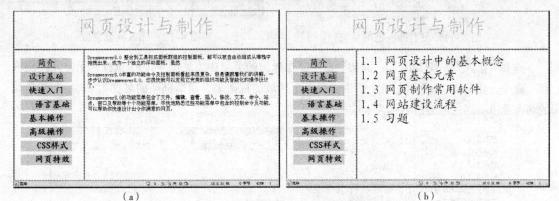

（a）　　　　　　　　　　　　　　　　（b）

图 4-10　使用框架设计网页的实例效果图

2. 页面分析及准备工作

网页本身是一个框架结构，所以应用"上方及左侧嵌套"结构。网页窗口被划分为三个区域，每个区域都是一个框架，所以要用到三个框架网页。但是对于整个网页而言，又是一个定义了一组框架结构的框架集，所以还要用到一个框架集网页。因此，在保存这个框架页面时，需要保存四个文件，分别是框架集网页 frameset.htm，上方框架页面 ftop.htm，左边框架页面 fleft.htm，主框架页面 fmain.htm。

需要准备几个已经做好的网页，在这个设计中，只为"设计基础"导航条建立了链接，所以只事先准备了一个网页：网页设计基础.htm。在设计中可以多准备几个网页，为其他的导航条也建立链接。

3. 制作步骤

（1）新建一个网页

启动 Dreamweaver CS3，选择"文件"｜"新建"命令，在本地站点下建一个空白网页文档，命名为 frameset.htm。

（2）插入框架集

在插入框架集以前，首先选择"窗口"｜"框架"命令或按【Shift+F2】组合键，打开"框架"面板，如图 4-11 所示。如果在后面插入框架集后，"框架"面板就会变成如图 4-12 所示。

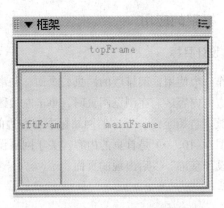

图 4-11　没有插入框架集前　　　　　　　　图 4-12　插入框架集后

选择"插入"|"HTML"|"框架"命令，在弹出的菜单中（见图 4-13）选择"上方及左侧嵌套"命令。如图 4-14 所示，在文档中出现三个区域的框架集，顶部框架的名称为 ftop，左侧框架的名称为 fleft，主框架的名称为 fmain。

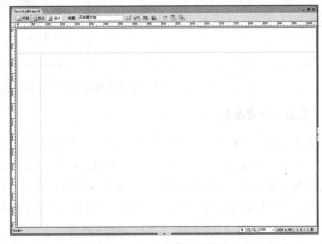

图 4-13　框架类型　　　　　　　　图 4-14　上方及左侧嵌套

（3）选择并设置框架集

首先，选择该面板中的最外层边框，选择整个框架集，如图 4-15 所示。然后，在其"属性"面板中进行设置。边框设置为"是"，边框颜色设置为#3399FF，边框宽度设置为 2，单位设置为像素，行值设置为 120，如图 4-16 所示。

图 4-15　选中整个框架　　　　　　　　图 4-16　设置整个框架集的属性

然后，选择该面板包含左右结构的框架集，如图 4-17 所示。然后在其属性面板中设置。其中，边框设置为"是"，边框颜色设置为#3399FF，边框宽度设置为 2，单位设置为像素，列值设为 160，如图 4-18 所示。

图 4-17　选中左右结构框架集　　　　　图 4-18　设置左右结构框架集的属性

（4）保存框架文件

选择"文件"｜"全部"命令，保存框架和框架集。如果当前文档有多个框架，怎么知道目前保存的是哪个框架呢？保存时被虚线框包围的框架就是正在保存的框架文件，如图 4-19 所示。现在被虚线包围的是上方的框架，所以现在应该保存上方框架文件，命名为 ftop.htm，接着保存主框架 fmain.htm、左侧框架 fleft.htm。

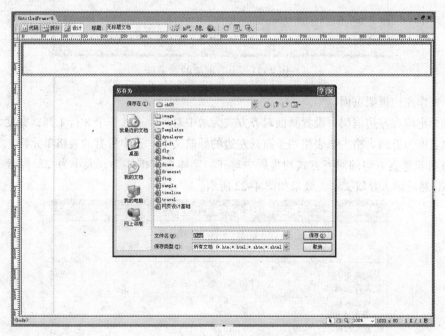

图 4-19　保存上方框架文件

（5）制作上方框架页面

将光标定位到上方框架，设置其属性。设置文字字体为"楷体"，文字大小为 64 像素，颜色为#FFCC00，在上方框架中输入文字"网页设计与制作"，然后选中这些文字，设置页面对齐方式为居中对齐。如果没有重新保存全部页面，就会弹出警告，如图 4-20 所示。单击"确定"按钮，然后保存所有的框架文件，再打开浏览器浏览即可，效果如图 4-21 所示。

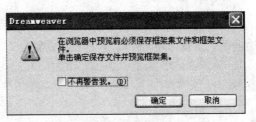

图 4-20　警告

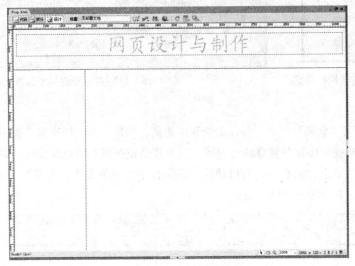

图 4-21　上方框架的效果

（6）制作左边框架页面

将光标定位在左边框架，设置页面对齐方式为居中对齐，插入一个 8 行 1 列，宽度为 130 像素，边框宽度为 0 的表格。该表格用于布局左边的导航文本。选中所有的表格单元格，设置单元格水平方向和垂直方向的对齐方式均为居中对齐，字体为"楷体"，大小为 28 像素，颜色为 #CCFF66，然后输入导航文本，效果如图 4-22 所示。

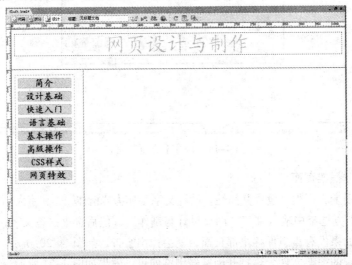

图 4-22　左边框架效果

（7）制作主框架页面

将光标定位在主框架，设置页面对齐方式为居中对齐。可以展现制作好主框架网页 fmain.htm 的内容，也可以将其他页面中制作好的内容粘贴过来，效果如图 4-23 所示。

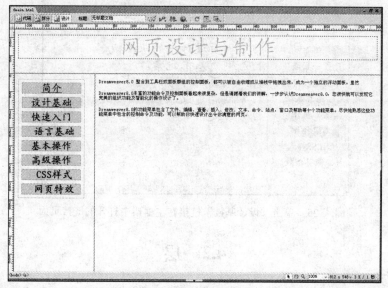

图 4-23　主框架效果

（8）制作导航文字和主框架之间的链接

在建立导航文字和主框架之间的链接之前，首先应该明确链接目标的位置。

选择左边框架中的"简介"文字，在"属性"面板中设置链接页面的地址为 fmain.htm，目标为主框架 mainFrame，"属性"面板的设置如图 4-24 所示。

图 4-24　设置左边框架简介的链接

其他导航文字链接的设置方法与上面的方法稍有不同，链接的页面是已经做好的页面。先将以前已经设计好的页面文件复制到当前站点根文件夹下，再将每个站点涉及到的图片文件复制到当前站点的 image 文件夹下，仍然保持链接的相对路径。

这里以"设计基础"为例，选择左边框架中的"基本元素"导航文字，在"属性"面板中设置链接页面的地址为已经制作好的一个网页——页设计基础.htm，目标为主框架 mainFrame，链接后的效果如图 4-25 所示。

使用这种方法，可以设计其他导航文字的链接。这里就不一一介绍，有兴趣的读者可以继续完成。

（9）保存并预览网页

选择"文件"｜"保存全部"命令，将站点内所有的页面全部保存。按【F2】键预览验证网页。

框架的最大优势在于保证整个网站的一致性与整体性。整个网站的网页，由于大部分区域都是固定的，所有更新内容都通过变动区域表现出来。这样，当访问者熟悉了一个页面的布局，即可掌握整个网站的布局方式，这对于信息查找，建立网站正规化等都是有利的。

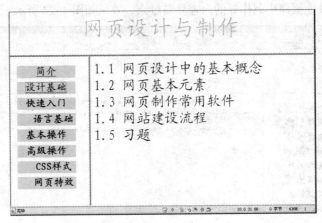

图 4-25　单击"设计基础"链接在主框架中打开的链接页面

4.2　层

层（layer）是一种 HTML 页面元素，用户可以将其定位在页面上的任意位置。层可以包含文本、图像或其他 HTML 文档。层的出现使网页从二维平面拓展到三维。可以使页面上元素进行重叠和复杂的布局。

使用层页面布局时，不仅可以像搭积木一样通过层放置页面元素，如果觉得不合适可以通过拖动层带动页面元素到其他的位置，同时还可以通过层与行为和时间轴制作出网页动画。层的基本操作包括创建层、激活层、选择层、移动层、调整层大小、对齐层和设置层的背景等。

4.2.1　层的基本操作

1. 创建层

创建层的方法有很多，主要方法就下面三种：

① 插入法：选择"插入"|"布局对象"|"层"命令，如图 4-26 所示。

图 4-26　插入法插入层

② 绘制法：直接单击"插入"栏的"布局"选项中的"绘制层"按钮，"绘制层"按钮的

位置如图 4-27 所示；然后拖动鼠标画出层。

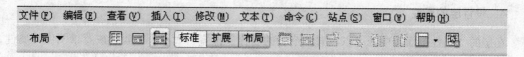

图 4-27　绘制层按钮的位置

③ 拖动法：用鼠标拖动"插入"栏的"布局"选项中的"绘制层"按钮，并在需要插入层的位置释放。

2．激活和选中层

一个层被激活后，才能将文字、图像等对象放入层中，所以，首先要激活层。一个没有被激活的层如图 4-28 所示。把鼠标光标移到层内任意处单击，即可激活层。此时，插入点被置于层内。被激活层的边界由灰色变为蓝色，选择手柄也同时显示出来，如图 4-29 所示。值得注意的是，激活层的操作并不是选择层，而是用来向层内添加对象。

要对层进行移动、调整大小等操作，首先要选择层，也可以同时选择多层。选中层的方法如下：

* 单击层左上角的选择柄，可选中层。
* 单击层的边框，也可选中层。
* 在"层"面板中，单击该层的名称，即可选中层。
* 按住【Shift】键，可以在文档窗口或"层"面板中同时选中多个层。

选中层以后，在层的四个边框上出现了八个蓝色的活动块，如图 4-30 所示。

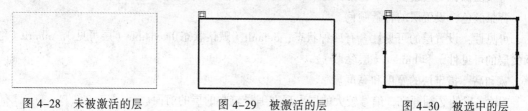

图 4-28　未被激活的层　　　　图 4-29　被激活的层　　　　图 4-30　被选中的层

3．调整、移动和对齐层

创建层后，可以通过手工调整和属性面板调整层的大小。

① 选中要调整的层，用鼠标拖动某个活动块，即可调整层的大小。这种方法难以准确地确定层的大小，但使用非常的方便。

② 选中需要调整的层，在层的"属性"面板的"宽"和"高"文本框中，输入层的宽和高，可以精确地调整该层的尺寸。

如果要想移动层的位置，可以通过如下方法：

① 用鼠标移动层时，可将光标移到层左上角的选择柄上，或将光标移到层的边框线，当光标指针变成四个十字状符号时，拖动鼠标即可移动该层。

② 选中要移动的层，在层的"属性"面板的"左"和"上"文本框中，输入层左上角相对于页面左上角的坐标，即可精确地设置这个层在网页中的目标位置。

对齐层的方法是，先选中需要对齐的层，选择"修改"|"排列顺序"命令，从弹出的菜单中选择对齐方式，如图 4-31 所示。以最后选中的层为基准，可对齐选中的所有层。选择"设成宽

度相同"或"设成高度相同"命令，可使选中的层具有相同的宽度或高度。

4．设置层的属性

在层的"属性"面板中既可以设置单个层的名称、位置、大小、背景色或背景图像等属性，也可以设置多个层的属性。

选中层的选择柄就可以打开层的"属性"面板，如图 4-32 所示。

图 4-31　选择对齐方式　　　　　　　　图 4-32　层的"属性"面板

在层的"属性"面板中，可以进行如下设置：

层编号：设置当前层的名称。在名称中不能带有符号和汉字，也不能以数字开头，只能以数字和英文字母开头。

左和上：设置当前层左上角相对于页面或父层的左上角的位置。

背景图像：为层设置一个背景图像。

背景颜色：设置层的背景颜色。

可见性：设置层的可见性。有四种状态：default（默认状态），visible（层可见），inherit（继承父层的可见性）和 hidden（层隐藏）。

宽和高：指定层的宽度和高度。

Z 轴：层的 Z 轴顺序，编号较大的层出现在编号较小的层的前面。

类：选择层的样式。

标签：层使用的代码方式，一般使用默认的 div 即可。

溢出：设置当层内容超出了层范围后显示内容的方式。有 visible（表示超出的部分照常显示），hidden（超出的部分隐藏），scroll（不管是否超出，都显示滚动条）和 auto（层的大小保持不变，层的左端或下端会出现滚动条）四种方式。

剪辑：定义层的可见区域。

5．层面板的使用

使用"层"面板可以轻松、直观地对层控制和操作。在"层"面板中可以完成对层改名、选定层、修改层的可见性、设置层在堆栈中的叠放次序等操作。

选择"窗口"|"层"命令或按【F2】键，可打开"层"面板，如图 4-33 所示。"层"面板中一共有三列，一列是显示与隐藏层 👁 ；一列是层的名称；一列是层的 Z 轴值。

（1）选择层及更改层名称

只需要在"层"面板中单击层，即可选定此层，如选中层 xing，如图 4-34 所示。双击层的名称，层名称处出现光标，即可删除原来的层名称，输入新的名称。

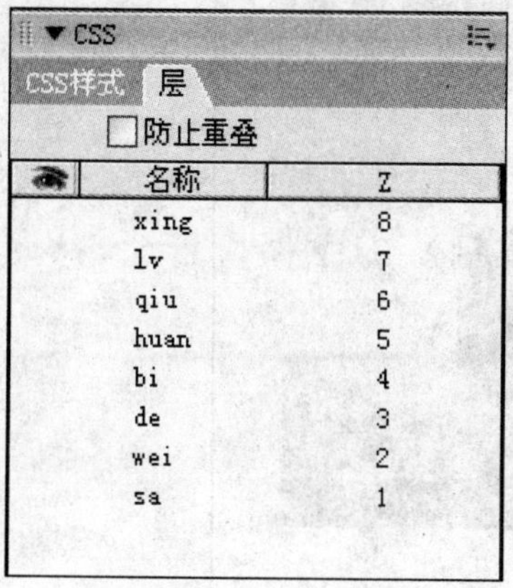

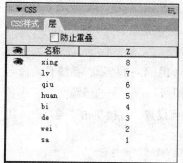

图 4-33　"层"面板

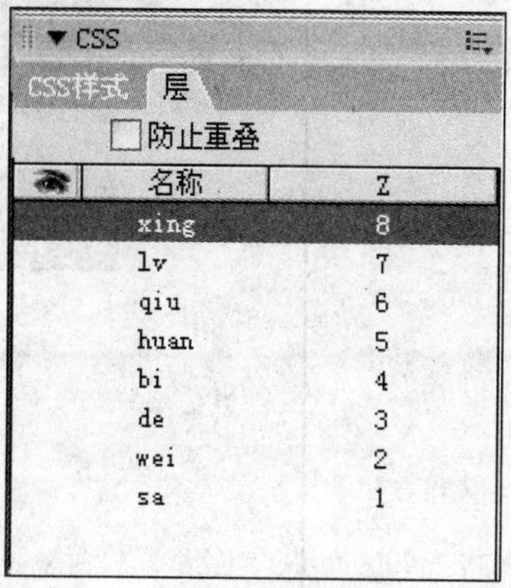

图 4-34　选中层"xing"

（2）显示/隐藏层

单击层 xing 前面的显示与隐藏列，会有三种情况发生。如果是 👁 图标，如图 4-35 所示，则显示该层；如果是 👁 图标，如图 4-36 所示，则隐藏该层。如果在该列中不显示任何图标，如图 4-37 所示，表示该层继承其父层的可见性。

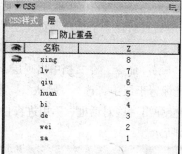

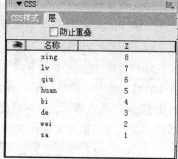

图 4-35　显示层

图 4-36　隐藏层

图 4-37　继承父层的可见性

（3）层重叠

选中"层"面板中的"防止重叠"复选框，表示对层操作时禁止各层重叠。

4.2.2　层的应用

1．设计目标

页面的中间是一组精美的图片，互相叠放。左右两边有四个字：环球旅行。实例效果如图 4-38 所示。

2．页面分析和准备工作

本例中的相互重叠的效果，使用层可以轻松完成。页面由中间的四个图片层和两边的四个文字层组成，中间的四个图片层可以改变层的叠放次序；两边的四个文字层可以为层添加背景、插入文字。

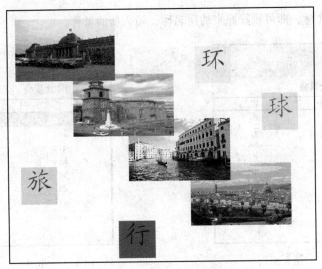

图 4-38　"环球旅行"效果图

准备的素材，包括四张图片：比利时王宫.jpg，意大利佛罗伦萨.jpg，意大利威尼斯.jpg，德国保尔教堂.jpg。

3．制作步骤

（1）新建网页

启动 Dreamweaver CS3，在本地站点新建一个空白网页文档，保存并命名为 travel.htm。

（2）插入图片和文字

选择"插入" | "布局对象" | "层"命令，在文档中出现层，如图 4-39 所示，系统自动命名为 layer1。选中并激活该层，将光标置于层中，选择"插入" | "图像"命令，选择源文件"比利时王宫.jpg"插入即可，这时可能会弹出一些对话框，不用进行任何设置，直接单击"确定"按钮即可。文档窗口的效果如图 4-40 所示。

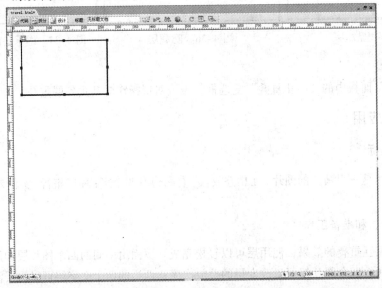

图 4-39　插入层

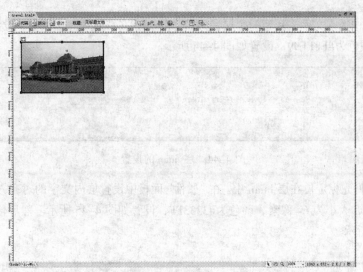

图 4-40　层中插入图片

插入的图片如果很大，在"属性"面板中将其宽度设置为 250，高度设置为 150，将层编号修改为 bi。设置如图 4-41 所示。

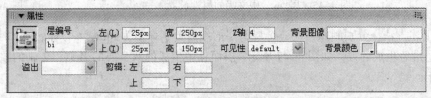

图 4-41　层的属性设置

然后继续以同样的方法，制作其他三个层，分别将德国保尔教堂.jpg、意大利威尼斯.jpg、意大利佛罗伦萨.jpg 插入到层中，然后将层编号，分别命名为 de、wei 和 sa。全部添加完成以后的效果如图 4-42 所示。当前的"层"面板如图 4-43 所示。

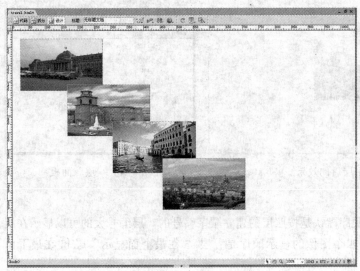

图 4-42　插入四个图片层的效果　　　　　　　　　　图 4-43　"层"面板

下面要在层中插入文字，新建一个层，命名为 huan，在"属性"面板中，设置该层的宽和高均为 90，背景颜色为#FFFF99，设置如图 4-44 所示。

图 4-44　层 huan 的设置

激活该层，将光标定位在层 huan 中。在"属性"面板中设置层内文字的对齐方式为居中对齐，设置字体为楷体，大小为 64 像素，颜色为#3333FF，设置如图 4-45 所示。然后输入文字"环"，效果如图 4-46 所示。

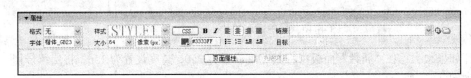

图 4-45　层 huan 中文字的属性设置　　　　　　　　　　图 4-46　效果

按照上述方法，分别制作其他三个层，层的编号分别命名为 qiu，lv，xing，分别设置不同层的背景。最后生成的效果如图 4-47 所示。层面板中生成的八个层的名称和 Z 轴的顺序编号如图 4-48 所示。

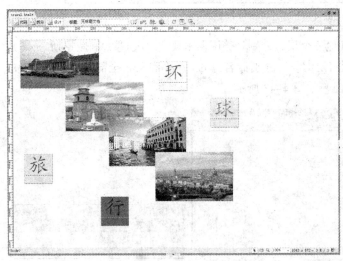
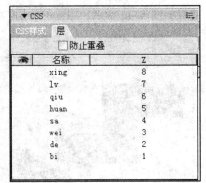

图 4-47　插入文字层后的效果　　　　　　　　　　图 4-48　"层"面板

（3）改变层的叠加顺序

在上面的操作中，层的叠放顺序默认是按照层的建立顺序编号的。层编号大的可以显示在层编号小的层的上方，所以，上面四个图像的显示顺序是：层 sa 在最上面显示，层 bi 在最下面显示。

如果用户要改变层之间的叠放顺序，可以使用拖拉的方法。选择层 sa，拖动鼠标将其放置到编号最小的位置，会出现一条蓝线，如图 4-49 所示。然后松开鼠标，层 sa 就放在其想放的位置上了，如图 4-50 所示。继续调整其他图片层，最后四个图片层的编号顺序从高到低依次是层 bi、层 de、层 wei、层 sa。全部调整顺序后的"层"面板如图 4-51 所示。调整顺序以后的效果如图 4-52 所示。

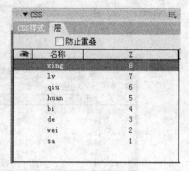

图 4-49　拖动鼠标到目的层	图 4-50　释放鼠标后	图 4-51　全部调整顺序后

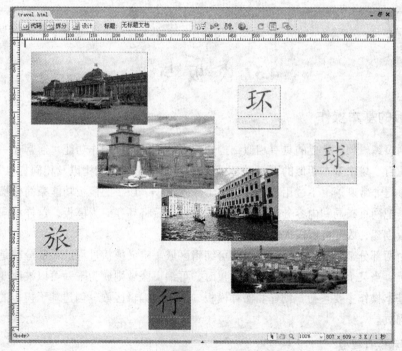

图 4-52　调整叠放顺序以后的效果

也可以使用"属性"面板改变图层的叠放次序。选择层 sa，在"属性"面板的"Z 轴"文本框中输入新的 Z 轴次序编号 1，即可改变层 sa 的叠放次序。具体设置如图 4-53 所示。设置完成以后，"层"面板也会相应的发生变化，如图 4-54 所示。

继续设置层 wei 的 Z 轴为 2，层 de 的 Z 轴为 3，层 bi 的 Z 轴为 4。全部设置完成以后，"层"面板将会变成图 4-55 所示。而页面效果与拖拉的方法一样。

（4）保存并预览

选择"文件"|"保存全部"命令，将站点内所有的页面全部保存。按【F2】键预览验证网页。

图 4-53　层 sa 的"Z 轴"设置为 1

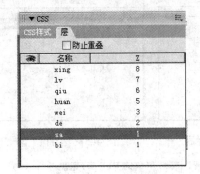

图 4-54　调整层 sa 的顺序后的"层"面板

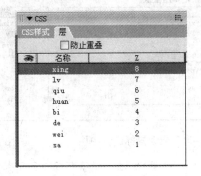

图 4-55　全部调整顺序后的"层"面板

4.3　模　板　与　库

4.3.1　模板的基本操作

模板是网页编辑软件生成的具有相似结构和外观的一种网页制作功能。通常在一个网站中会有几十甚至几百个风格基本相似的页面，如果每次都重新设定网页结构以及相同栏目下的导航条、各类图标就显得非常麻烦，不过用户可以借助 Dreamweaver CS3 的模板功能来简化操作。其实模板的功能就是把网页布局和内容分离，在布局设计好之后将其存储为模板，这样相同布局的页面可以通过模板创建，因此能够极大提高工作效率。

模板是由两部分来组成的：锁定区域和可编辑区域。定义模板过程的一部分就是指定和命名可编辑的区域。当某个文档从某些模板中创建时，可编辑区域则成为唯一可以被改变的地方。

模板的基本操作主要包括：创建和保存模板、创建可编辑区域、创建基于模板的网页，修改模板及更新网页。

1．创建和保存模板

有多种不同的方法来创建模板，最常用的方法就是利用现成网页创建模板，具体步骤如下：

首先，打开将要作为模板的网页，选择"文件"|"另存为模板"命令，系统弹出"另存模板"对话框（见图 4-56），在"站点"下拉列表框中选定该模板所在的站点，在"现存的模板"列表框中显示的是当前网站中已经存在的模板，在"另存为"文本框中输入新建模板的名称，单击"保存"按钮。新的模板就创建完成了，新建模板时，必须明确模板是建在哪个站点中，模板文件的扩展名为.dwt。

2．创建可编辑区域

如果制作的网页是基于模板的，有些地方要求是自己编辑的。所以，在制作模板时，需要预先设计可编辑区域。可以将网页上任意选中的区域设置为可编辑区域。具体方法如下：

① 将光标置于想要插入可编辑区域的地方，单击鼠标右键，在弹出的快捷菜单中选择"模板"|"新建可编辑区域"命令。

② 在"新建可编辑区域"对话框中输入该区域的名称，单击"确定"按钮即可，如图 4-57 所示。

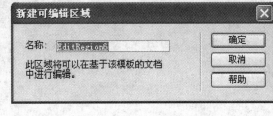

图 4-56　保存模板　　　　　　　　　　　　　图 4-57　创建可编辑区域

4.3.2　模板的应用

1．设计目标

通过模板设计网页的整体风格、布局，当制作各个分页时，通过模板来创建，而当修改模板时，与之相链接的网页也会随之改变。

2．页面分析和准备工作

网站风格相似的布局可以通过模板来实现，不同之处留出来作为可编辑区域，在具体制作网页时，再将具体的内容填入可编辑区域。在本例要求设计的页面中，共有三处是要求有不同内容的，分别是散文的标题、作者及内容。所以只需要这三部分设置为可编辑区域即可。

需要准备两个 logo 标志：etc07.gif 和 fire27.gif。

3．制作步骤

（1）新建页面

启动 Dreamweaver CS3，新建一个本地站点，保存为 sample。

（2）保存模板

选择"文件"|"另存为模板"命令，打开"另存为模板"对话框，设置模板文件名为 sanwen.dwt，如图 4-58 所示。文件名的扩展名系统会自动添加，这时窗口标题栏多了"模板"字样。这个窗口已经是模板的窗口了。

（3）设计模板的锁定区域

打开"插入"面板，单击"常用"类的"插入

图 4-58　保存模板

表格"按钮 □，如图 4-59 所示。打开表格参数的设置对话框（见图 4-60），插入一个 1 行 3 列的表格 T1，设置宽为 800 像素，单元格间距为 4。然后选定整个表格，在"属性"面板中设置表格的背景颜色为#FFFFCC，高度为 80 像素，填充为 0，边框为 1，具体设置如图 4-61 所示。将光标定位在第一个单元格，在"属性"面板中设置垂直对齐方式为"顶部对齐"，设置宽度为 115，然后插入图像 etc07.gif。将光标定位在第二个单元格，在"属性"面板中设置垂直对齐方式为"顶部对齐"，插入文字"散文欣赏"，设置文字居中对齐。将光标定位在第三个单元格，在"属性"面板中设置宽度为 50，插入图像 fire27.gif。效果如图 4-62 所示。

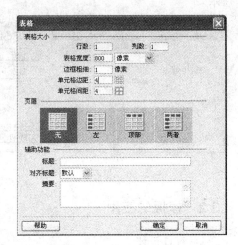

图 4-60　表格的参数设置

图 4-59　常用类

图 4-61　表格 T1 的属性设置

散文欣赏

图 4-62　效果图

　　另起一行，插入导航栏。插入一个 1 行 1 列的表格 T2，设置宽度为 800 像素，高度为 18 像素，边框为 1，间距为 4，边框颜色为#FF00CC，背景颜色为#FF66CC。将光标定位在表的单元格中，输入文章的标题，中间用竖线间隔，并设置文本"居中对齐"。由于模板中文章内容尚未确定，暂时使用"添加新文章"来替代，以后确定文章标题再作修改。效果如图 4-63 所示。

　　另起一行，制作正文部分。插入一个 2 行 1 列的表格 T3，设置表格宽度为 800 像素，高度为 11 像素，单元格间距为 4，填充为 0，边框为 1。设置边框颜色为#ECE9D8，设置背景色为#FF66CC。属性设置如图 4-64 所示。

图 4-63 插入导航栏后的效果

图 4-64 表格 T3 的属性设置

选中第一行单元格，然后右击，在弹出的快捷菜单中选择"表格"|"拆分单元格"命令，在弹出的"拆分单元格"对话框中选择 3 列，就可以将第一行拆分为 3 列，"拆分单元格"对话框如图 4-65 所示。分别设置三个单元格的宽度，从左到右，宽度依次为 100 像素，550 像素，150 像素。选中单元格，设置对齐方式为"水平居中"。在第一个单元格中输入"标题:"，第三个单元格中输入"作者:"。

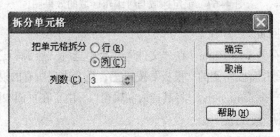

图 4-65 "拆分单元格"对话框

在正文部分的下方，再插入一个 1 行 1 列的表格 T4，设置宽度为 800 像素，高度为 17 像素，单元格间距为 4，填充为 0，边框为 1，该单元格用于放置版权信息，因为其内容是固定不变的，因此可以在制作模板时直接输入。版权信息依据实际情况填写。至此，锁定区域就全部设计完成了，效果如图 4-66 所示。

图 4-66 锁定区域效果图

（4）创建可编辑区域

将光标定位在表格 T3 正文表格的第一行第二个单元格中，然后右击，在快捷菜单中选择"模板"|"新建可编辑区域"命令，此时会弹出"新建可编辑区域"对话框，将可编辑区域命名为 title。

将光标定位于第三个单元格中"作者："后面，用同样的方法定义一个可编辑区域，命名为 author。

再将光标定位于第二行的单元格中，定义一个名为 content 的可编辑区域，定义完成后，选择"文件"|"保存"命令，将设计好的模板保存即可。效果如图 4-67 所示。

图 4-67　锁定区域与可编辑区域的效果图

（5）利用模板设计网页

新建一个页面，保存为 page1.htm。在"文件"面板中选择"资源"选项卡，打开"资源"面板，如图 4-68 所示。单击面板左侧的"模板"按钮，就会出现所有的模板，如图 4-69 所示。选中刚才设计完成的模板—— sanwen.dwt。将其拖入编辑窗口，由于在页面中引用了模板，所以有些区域是不能进行任何编辑的。

图 4-68　"资源"面板

图 4-69　选择模板

在可编辑区域中，可以添加制作任何元素。将光标定位在名称为 title 的可编辑区域中，输入"腊叶"；将光标定位在名称为 author 的可编辑区域中，输入"鲁迅"；将光标定位在名称为 content 的可编辑区域中，输入"腊叶"的全文。最后保存网页，效果如图 4-70 所示。

以同样的方法创建 page2.htm，page3.htm 页面。标题分别为"父亲的情书"和"梦里水乡"。

图 4-70　page1.htm 的效果图

（6）修改模板及更新

在"资源"面板中，选中 sanwen.dwt 模板，双击进入模板的编辑状态。将导航栏中的"添加新文章"替换为各文章名称"腊叶"、"父亲的情书"和"梦里水乡"，如图 4-71 所示。首先选中"腊叶"导航条，在"属性"面板中的"链接"后面有一个文件夹样式的图标，单击可以选择将该导航条链接到 page1.htm。同样的方法，分别为这几个导航条设置超链接到 page1.htm、page2.htm 和 page3.htm。

图 4-71　设置导航条

保存所修改的模板文件，保存完成后，会弹出"更新模块文件"对话框，是否要将改变应用到所有引用该模板的页面中去，单击"更新"按钮即可。更新完成后，会弹出一个对话框，显示这个模板有三个页面引用，报告页面的更新情况。

（7）保存并浏览网页

选择"文件"|"保存全部"命令，将站点内所有的页面全部保存。按【F2】键预览验证网页。可以浏览 page1.htm、page2.htm 及 page3.htm 验证网页是否正确。

4.3.3 库

在站点中的每个页面上都会有一些内容被重复的使用，例如版权信息、公司地址、页面页脚等。库是用来存储想要在整个网站上经常重复使用或更新页面元素的方法，这些元素称为库项目。在 Dreamweaver CS3 中，可以将任何元素创建为库项目。这些元素包括图像、文本、表格、Java程序、插件、导航条等。所有的库项目都被保存在一个文件中，文件的扩展名为.lbi。

Dreamweaver CS3 中的库项目与模板一样，同样可以规范网页格式，从而避免多次重复操作。但是，两者又是有区别的。二者的区别在于模板对网页的整个页面起作用，而库项目只对网页的部分区域起作用，使用库比使用模板有更大的灵活性

4.4　行为与时间轴

4.4.1　行为

一个行为是由事件和动作组成的。事件是动作被触发的结果，而动作是用于完成特殊任务、预先编制好的 JavaScript 代码。行为可以说是 Dreamweaver CS3 中最具特色的功能，行为的关键在于为 Dreamweaver CS3 提供了很多动作。Dreamweaver CS3 中的行为能够将 JavaScript 代码放置在文档中，以允许用户与网页进行交互，从而以多种方式更改页面或执行某项任务。用户可以利用 Dreamweaver CS3 的"行为"面板来使用它。在"行为"面板中，用户可以先指定一个动作，然后指定触发该动作的事件，从而将行为添加到页面中。

Dreamweaver CS3 提供了播放声音、打开浏览器窗口、设置导航条图像、调用 JavaScript 代码、改变属性、弹出信息、显示或隐藏层、交换图像等这些行为，涉及到网页制作的方方面面。

1．设计目标

制作一个交换图像，当光标移动到图像上时，图像变清晰，同时在图像的右下角显示说明文字；当光标移动到图像外时，图像变模糊，同时说明图像的文字消失。实例效果如图 4-72 和图 4-73 所示。

图 4-72　当鼠标移动到图像外时　　　　　图 4-73　当鼠标移动到图像上时

2．页面分析和准备工作

既然是交换图像，首先要准备两张图像：mohubress.jpg 和 bress.jpg。

3．制作步骤

（1）新建网页

启动 Dreamweaver CS3，在本地站点下新建一个空白文档，保存网页，并命名为 dynalayer.htm。

（2）插入源图像

设置网页的对齐方式为"居中对齐"，选择"插入"|"图像"命令，在"选择图像源文件"对话框中，选择 image 文件夹中的 mohubress.jpg，将图像插入到页面中。效果如图 4-74 所示。

图 4-74　插入模糊图片

（3）制作交换图像

选中插入的原始图像，选择"窗口"|"行为"命令，就打开"行为"面板，如图 4-75 所示。

选中原始图像，单击"行为"面板上的 +. 按钮，弹出下拉菜单，选择"显示事件"命令，弹出级联菜单，选择"IE6.0"命令，如图 4-76 所示。

选中原始图像，单击"行为"面板上的 +. 按钮，弹出下拉菜单，选择"交换图像"命令，如图 4-77 所示。弹出"交换图像"对话框，如图 4-78 所示。在对话框

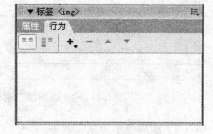

图 4-75　"行为"面板

中，选中"预先载入图像"复选框，"交换图像"在载入网页时将新图像载入到浏览器的缓存中。如果未选择此选项，当用户将鼠标指针滑过"鼠标经过图像"时可能会出现延迟。单击"设定原始档为"文本框右侧的"浏览"按钮，弹出"选择图像源"对话框，选择 bress.jpg，单击"确定"按钮返回"交换图像"对话框，单击"确定"按钮，此时在"行为"面板中会自动添加两个事件，如图 4-79 所示。

- onMouseOut：当鼠标指针移出指定元素时即可生成该事件；
- onMouseOver：当鼠标指针从指定元素之外移动到指定元素上时即可生成该事件。

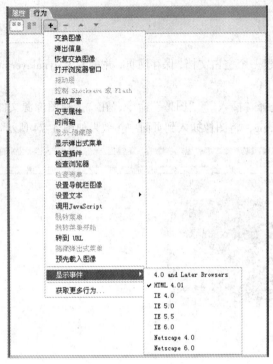 

图 4-76　选择浏览器　　　　　　　　　　　　　图 4-77　交换图像

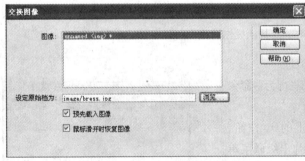 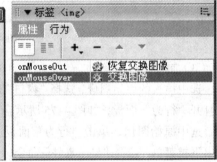

图 4-78　"交换图像"对话框　　　　　　　　　图 4-79　原始图像的两个事件

（4）添加显示隐藏层效果

当鼠标移动到图像上时，显示说明图像的层；当光标移出图像时，隐藏图像说明的层。

在插入的图像的右下角插入一个层，在层中输入一段文字。然后设置层为不可见，单击"层"面板中层前的"眼睛"图标为闭合状态，即可将层设置为不可见，如图 4-80 所示。

选中图像，单击"行为"面板上的 按钮，在弹出的下拉菜单中选择"显示－隐藏层"命令，弹出"显示－隐藏层"对话框，如图 4-81 所示。

单击"显示-隐藏层"对话框中的"隐藏"按钮，如图 4-82 所示，然后单击"确定"按钮，此时在"行为"面板中会自动添加一个事件，但是这个事件只是默认的事件，不符合本例的制作要求，单击"行为"面板中的事件，选择下拉列表框中的 onMouseOut 事件，如图 4-83 所示。

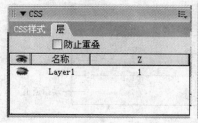

图 4-80 "层"面板

图 4-81 "显示-隐藏层"对话框

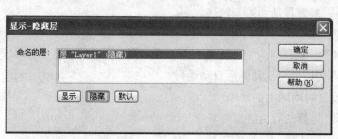

图 4-82 设置层隐藏

图 4-83 设置事件

设置层的"显示"动作，选中图像，单击"行为"面板上的 ✦ 按钮，选择"显示－隐藏层"命令，弹出"显示－隐藏层"对话框。在对话框中设置层的"显示"动作，如图 4-84 所示。

接着修改默认添加的事件，单击"行为"面板中的事件，选择下拉列表框中的 OnMouseOver事件。所以，最后要有四个行为，如图 4-85 所示。

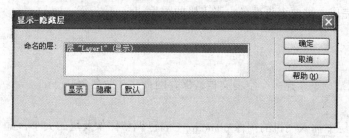

图 4-84 显示层

图 4-85 四个行为

（5）保存并御览网页

选择"文件"｜"保存全部"命令，将站点内所有的页面全部保存。按【F2】键预览验证网页。

4.4.2 时间轴

时间轴也是 Dreamweaver CS3 中用于网页动画效果的有利工具，时间轴动画不是所谓的 GIF 动画，而是用 JavaScript 代码编写的动画。它可以让用户不写一行代码即可实现多种动态网页的效果。

选择"窗口"｜"时间轴"命令或按【Alt＋F9】组合键，则显示时间轴。时间轴面板如图 4-86所示。

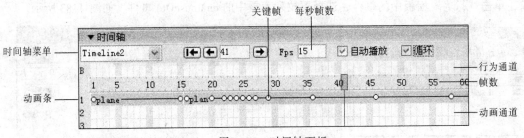

图 4-86　时间轴面板

① ![Timeline1] 时间轴弹出菜单：表示当前的时间轴名称。

② 时间轴指针：在界面上显示当前位置的帧。

③ ⏮：不管时间轴在哪个位置，一直移动到第一帧。

④ ⑷41：表示时间指针的当前位置。

⑤ Fps 15：表示每秒显示的帧数。默认值为 15 帧。增加帧数值，则动画播放的速度将加快。

⑥ ☑自动播放：选中该项，则网页文档中应用动画后自动运行。

⑦ ☑循环：选中该项，则继续反复时间轴上的动画。

⑧ 行为通道：在指定帧中选择要运行的行为。

⑨ ⚪关键帧：可以变化的帧。

1. 设计目标

制作一个飞机沿着曲线运动的时间轴动画。事先设计好飞机的运行曲线，飞机就会沿着设计好的线路飞行。

2. 页面分析及准备工作

飞机的运动靠时间轴的设置来完成。需要事先准备一张飞机的图片 plane.jpg。

3. 制作步骤

（1）新建网页

启动 Dreamweaver CS3，在本地站点下新建一个空白文档，保存网页，并命名为 fly.htm。

（2）插入层

插入一个层，命名为 plane，在层中插入飞机的图像 plane.jpg。自己调整图像及层的大小，宽为 150 像素，高为 100 像素，如图 4-87 所示。

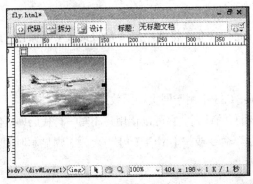

图 4-87　插入层

（3）创建时间轴动画

打开"时间轴"面板，选中创建的层，将层拖动到"时间轴"面板的帧控制区中，或在时间轴第一帧右击，从弹出的菜单中选择"添加对象"命令（见图 4-88），将层添加到时间轴中。这时，时间轴面板中的帧控制区出现一个紫色的动画线段，系统自动设置长度为 15 帧，如图 4-89 所示。

图 4-88　添加对象

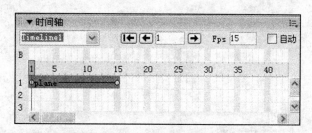

图 4-89　将层添加到时间轴中

动画条两端的小圆圈表示两个关键帧，前者为起始帧，后者为结束帧，用于定义动画开始和结束时动画对象的状态。选中时间轴中第 15 帧，将层从原位置移动到另一新位置，此时可以看到网页中出现了一条轨迹线，如图 4-90 所示。

刚才层只能沿直线运动，如果想要层沿曲线运动，就要在动画线上添加关键帧。方法是先选中起始帧与结束帧之间的任意一帧，然后右击，在弹出的快捷菜单中选择"增加关键帧"命令，如图 4-91 所示。结果在时间轴中就会增加一帧，如图 4-92 所示。

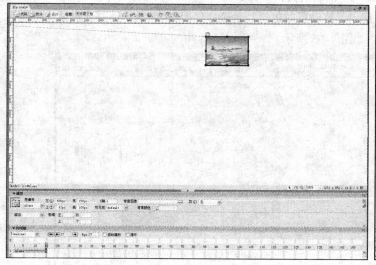

图 4-90　层运动的直线

图 4-91　增加关键帧

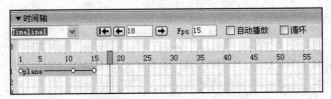

图 4-92　在时间轴中增加关键帧

此时即可随意拖动层呈曲线运动了，如图 4-93 所示。

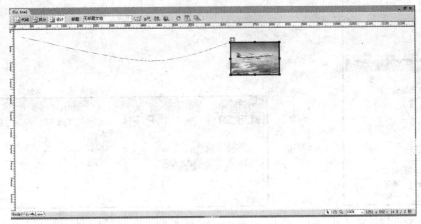

图 4-93　层呈曲线运动

选中☑自动播放和☑循环复选框，在浏览器中就可以看到飞机沿着一条曲线循环播放的效果。

（4）保存并预览网页

选择"文件"|"保存全部"命令，将站点内所有的页面全部保存。按【F2】键预览验证网页。

除了上述方法，可以完成层的曲线动画，还可以采用录制层路径的方法来完成时间轴的设计。首先要选中层，然后单击"时间轴"右上角的"选项"按钮，在"选项"菜单中选择"录制层路径"命令，或者选择"时间轴"|"录制层路径"命令。

拖动层 plane，系统会自动记录下拖动层时的运动轨迹，如图 4-94 所示。并在时间轴中适时地添加关键帧，调整层的位置，如图 4-95 所示。

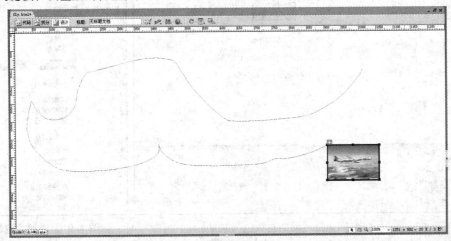

图 4-94　录制层路径

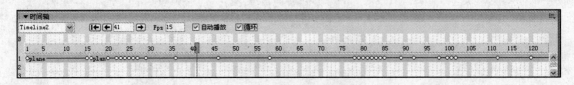

图 4-95   时间轴中自动添加关键帧

　　本章涉及到 Dreamweaver CS3 的高级操作，主要讲述了框架、层、模板和库、行为及时间轴的基本操作与具体应用。

习　题

1. 使用框架技术制作学校各部门简介的框架网页。
2. 使用层制作一个图像相互叠放效果的页面。
3. 使用模板技术制作学校各部门的宣传网页，要求导航栏和版权区域为锁定区域，其余区域为可编辑区域。
4. 使用时间轴和层制作一个图像在网页中循环绕行的效果。
5. 使用时间轴制作一个循环切换画面的广告网页。

第 5 章　CSS 样式表

CSS 即 cascading style sheet（级联样式表）的缩写，又常称之为 style sheet（风格样式单），顾名思义，是用来进行网页风格设计的。例如，链接文字被单击后是蓝色的，当鼠标移上去后字变成红色且有下画线，这就是一种风格。通过设立样式表，网页的制作者可以统一地控制 HTML 中各标志的显示属性。

5.1　CSS 简介

最初技术人员研究 HTML，主要侧重于定义内容，如<p>表示一个段落，<h1>表示标题，而并没有过多设计 HTML 的排版和界面效果。

随着 Internet 的迅猛发展，HTML 被广泛应用，上网的人们希望网页做得漂亮些，因此 HTML 排版和界面效果的局限性日益暴露出来。为了解决这个问题，人们走了不少弯路，用了一些不好的方法，例如给 HTML 增加很多的属性，结果将代码变得很臃肿，将文本全部变成图片，过多利用 Table 来排版，用空白的图片表示白色的空间等，直到 CSS 出现后局面有所改变。CSS 可算是网页设计的一个突破，它解决了网页界面排版的难题。可以分别这样概括 HTML 和 CSS 的作用：HTML 的标签主要是定义网页的内容（content），而 CSS 决定这些网页内容如何显示（layout）。

CSS 按其位置可以分成三种：

- 内嵌样式（inline style）。
- 内部样式表（internal style sheet）。
- 外部样式表（external style sheet）。

5.1.1　内嵌样式

内嵌样式（inline style）是写在标签里的。内嵌样式只对所在的标签有效。

参看如下内嵌样式表：

```
<P style="font-size:20pt; color:red">这个 Style 定义里面的文字是 20pt
字体，字体颜色是红色。</p>
```

在记事本中编辑 HTML，并应用此内嵌样式，如下所示：

【例 5-1】内嵌样式表。

```
<html>
<head><title>内嵌式样式(Inline Style)</title></head>
<body>
```

```
<P style="font-size:20pt; color:red">这个内嵌样式(Inline Style)定义段落里面
的文字是20pt字体，字体颜色是红色。</p>
<P>这段文字没有使用内嵌样式。</p>
</body>
</html>
```

在浏览器里查看此网页，即可看到应用了内嵌样式后的效果，如图 5-1 所示。

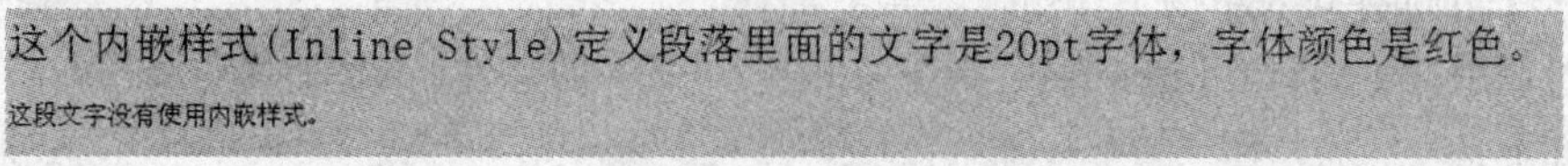

这个内嵌样式(Inline Style)定义段落里面的文字是20pt字体，字体颜色是红色。

这段文字没有使用内嵌样式。

图 5-1　内嵌样式

5.1.2　内部样式表

内部样式表是写在 HTML 的<head></head>里面的。内部样式表只对所在的网页有效。

【例 5-2】内部样式表示例。

```
<HTML>
<HEAD>
<STYLE type="text/css">
H1.mylayout {border-width:1; border:solid; text-align:center; color:red}
</STYLE>
</HEAD>
<BODY>
<H1 class="mylayout"> 这个标题使用了 Style。</H1>
<H1>这个标题没有使用 Style。</H1>
</BODY>
</HTML>
```

将以上代码复制到记事本文件中，并重命名为 internal.html，在浏览器中打开，显示如图 5-2 所示的效果。

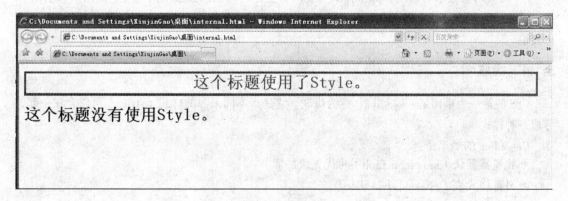

图 5-2　内部样式表

内部样式表（internal style sheet）要用到 Style 这个 Tag，写法如下：

```
<STYLE type="text/css">
…
</STYLE>
```

5.1.3 外部样式表

如果很多网页需要用到同样的样式（styles），可以使用外部样式。

将样式（styles）写在一个以.css 为后缀的 CSS 文件里，然后在每个需要用到这些样式（styles）的网页里引用这个 CSS 文件。

【例 5-3】外部样式表示例。

比如可以用文本编辑器（NotePad）建立一个名为 home 的文件，文件后缀不要用.txt，改成.css。文件内容如下：

```
H1.mylayout {border-width: 1; border: solid; text-align: center;color:red}
```

然后建立一个网页（假设此网页与 home.css 在同一个文件夹下），代码如下：

```
<HTML>
<HEAD>
<link href="home.css" rel="stylesheet" type="text/css">
</HEAD>
<BODY>
<H1 class="mylayout"> 这个标题使用了 Style。</H1>
<H1>这个标题没有使用 Style。</H1>
</BODY>
</HTML>
```

在浏览器中预览此网页的效果，发现同图 5-2 的效果一样，也就是说使用外部样式表可以和内嵌样式表及内部样式表实现同样的效果，区别是需要建立一个单独的以.css 为扩展名的文件。

使用外部（external）样式表，相对于内嵌（inline）和内部式（internal）的样式表，有以下优点：

① 样式代码可以复用。一个外部 CSS 文件，可以被很多网页共用。

② 便于修改。如果要修改样式，只需要修改 CSS 文件，而不需要修改每个网页。

③ 提高网页显示的速度。如果样式写在网页里，会降低网页显示的速度，如果网页引用一个 CSS 文件，这个 CSS 文件多半已经在缓存区（其他网页早已经引用过它），网页显示的速度就比较快。

5.1.4 级联

CSS 的第一个单词是 cascading，意为级联。它是指不同来源的样式（styles）可以合在一起，形成一种样式。

Cascading 的顺序是：

* 浏览器默认（browser default）（优先级最低）。
* 外部样式表（external style sheet）。
* 内部样式表（internal style sheet）。
* 内嵌样式表（inline style）（优先级最高）。

样式（styles）的优先级依次是内嵌（inline）、内部（internal）、外部（external）、浏览器默认（browser default）。假设内嵌（inline）样式中有 font-size:30pt，而内部（internal）样式中有 font-size:12pt，那么内嵌（inline）式样式就会覆盖内部（internal）样式。

5.2　样式表的基本语法

5.2.1　CSS 语法简介

加在 head 部分的<style type="text/css">和</style>分别被浏览器识别为 CSS 的开始和结束。而注释标签<!-- -->的作用是避免不支持 CSS 的浏览器将 CSS 内容作为网页正文显示在页面上。

上面的内容并没有定义任何样式，它的任务只是告诉浏览器 CSS 代码的位置。CSS 的描述部分（定义部分）是重点，正是这些内容使得页面的外观发生了明显的变化。

【例 5-4】 CSS 的定义。

```
h1 {font-size: 12px;}
   h2,h4 {font-size: 12px; display:inline;}
   …
   <h3 style="display:none">我喜欢网页制作 </h3>
```

通常情况下，CSS 的描述部分是由三部分组成的，分别是选择器、属性和属性值。写法如下：

```
选择器 { 属性: 属性值; }
   h1 {font-size: 12px;}
```

本例中选择器也就是想要描述的 HTML 标签，其他选择器将在后面的内容中讲解。上面例子的选择器就是 h1 标签。属性和属性值则是说明想要描述 h1 的哪一个属性，该属性的值为多少。例如，上面例子中将 h1 字体大小设置为 12 像素，写成 font-size: 12px。属性和属性值之间用一个冒号 ":" 分开，以一个分号 ";" 结束，最后用一对大括号 "{}" 括起来。

在此也可以为一个选择器同时定义多个样式，样式之间用分号 ";" 隔开。也可以同时为几个标签同时定义一组样式，标签之间用逗号 "," 隔开。例如，语句 "h2,h4 {font-size: 12px; display:inline;}"，同时为 h2 和 h4 两个标签定义了两个样式。当然，为了使 CSS 代码更容易阅读和维护，可以分行书写这些属性：

```
h2,h4
{
    font-size: 12px;
    display:inline;
}
```

注意：

①现在讲解例 5-4 代码的最后一行，在<h3 style="display:none">中，没有看到选择器，这是因为这里使用的是 "内嵌样式"，它将直接作用于当前标签之内的元素。关于 CSS 不同的插入方式将在随后的内容中讨论。

② CSS 的书写方式可以根据自己的需要决定，不过最终的目的都很明确——提高维护 CSS 代码的效率。

5.2.2　CSS 注释

下面这个例子介绍在 CSS 中插入注释的方法，以帮助 CSS 代码的读者理解。

【例 5-5】 CSS 中插入注释。

```
<style type="text/css">
<!--
```

```
h1 {font-size: 12px;}
/*把标题的大小都定义为 12 个像素*/
h2,h4 {font-size: 12px; display:inline;}
-->
</style>
```

在 CSS 中，注释以 "/*" 开始，以 "*/" 结束，注释里面的内容对于浏览器来说是没有意义的，不会被解释。

5.2.3　class 和 id

1. class（类）和 id 的一个小实例

在上一节中介绍了如何为特定的标签定义样式，例如使用 h1{font-size: 12px;}将页面内所有的标题 1 的字体大小改为 12 像素。如果不希望所有的标题 1 样式都被修改，就可以使用 class 和 id。

【例 5-6】class 与 id 示例，加粗字体是要重点注意的部分。

```
<!DOCTYPE html PUBLIC "-//W3C//DTD XHTML 1.0 Strict//EN"
  "http://www.w3.org/TR/xhtml1/DTD/xhtml1-strict.dtd">
    <html xmlns="http://www.w3.org/1999/xhtml">
    <head>
        <title>演示 CSS</title>
        <meta http-equiv="Content-Type"
        content="text/html; charset=gb2312" />
    </head>
    <body>
        <h1>我是页面最上端的标题 1</h1>
        <h1>我是页面左侧的标题 1，用来导航</h1>
        <h1>我是页面右侧新闻的标题 1</h1>
        <p>我是新闻的内容。</p>
    </body>
    </html>
<!DOCTYPE html PUBLIC "-//W3C//DTD XHTML 1.0 Strict//EN"
  "http://www.w3.org/TR/xhtml1/DTD/xhtml1-strict.dtd">
<html xmlns="http://www.w3.org/1999/xhtml">
<head>
    <title>演示 CSS</title>
    <meta http-equiv="Content-Type" content="text/html; charset=gb2312" />
    <style type="text/css">
    <!--
        h1.dabiaoti {
        font-weight: bolder;
        text-align: center;
        }
        h1#daohang {
        font-size: 12px;
        font-weight: bolder;
        text-align: left;
        }
```

```
            h1.xinwen {
            font-size: 16px;
            font-weight:bold;
            text-align: center;
            color:green;
            }
        -->
        </style>
</head>
<body>
        <h1 class="dabiaoti">我是页面最上端的标题1</h1>
        <h1 id="daohang">我是页面左侧的标题1，用来导航</h1>
        <h1 class="xinwen">我是页面新闻的标题1</h1>
        <p class="xinwen">我是新闻的内容。</p>
</body>
</html>
```

2. class 和 id 的用法

上面的例子应用 class 和 id 实现了三种不同的标题 1。下面说明 class 和 id 的具体应用规则，分别有"指定标签"和"不指定标签"两种用法。

（1）指定标签的 class 和 id

首先要在<head>部分定义 class（类）或 id。

class 的定义方法：指定标签.类名 {样式}

id 的定义方法：指定标签#id名 {样式}

然后在想要应用类的标签上加上 class（类）或者 id 属性：

class 的应用方法：<指定标签 class="类名">

id 的应用方法：<指定标签 id="id名">

这种方式定义的 class（类）和 id 只能作用于指定标签。在上面的例子中定义了三个类，类名分别为 dabiaoti、daohang 和 xinwen，它们均作用于 h1 标签。当人们试图将其中 xinwen 的样式应用于一个<p>标签时（<p class="xinwen">我是新闻的内容。</p>），用户会看到它的样式没有发生任何改变。这是一种错误的 CSS 应用。

注意：类名和 id 名不可以用数字开头。

（2）不指定标签的类或 id

在网页设计过程中，可以实现定义的类不只局限于一种标签。例如，上面的例子中，希望 xinwen 类可以应用于段落标签<p>，那么只需要将定义部分的 h1.xinwen 改为.xinwen，即去掉 h1。这种定义中不含标签名的类当然也就不再局限于某一个标签了。

3. class（类）与 id 的区别

学到这里，读者可能会得出结论：class 和 id 看起来除了 . 和 # 的区别之外，无其他使用上的区别。然而事实上并非如此，同一个 id 在一个页面内只能应用一次，而 class 则是用于描述多次出现的元素。这从它们的名称上很容易理解，id 就类似元素的身份证号码，它必须是唯一的，而 class 则是一类具有共同属性的元素的合称，是一类。

如果在一个页面内多次使用同一个 id，页面通常是可以正常显示的。但是这会给后期的维护带来不便，还可能造成其他的问题。所以一定要区分开 id 和 class，并且合理的应用它们。

5.3 样式表的常用属性

5.3.1 CSS 文字属性

文字是一个网页的核心部分。CSS 文字属性（font 属性）可以定义文字的字体、大小和粗细等许多外观。font 属性在 CSS 中的使用频率是相当高的。下面介绍 font 属性的作用。

1. 定义字体（**font-family**）

【例 5-7】定义字体。

```
<!DOCTYPE html PUBLIC "-//W3C//DTD XHTML 1.0 Strict//EN"
"http://www.w3.org/TR/xhtml1/DTD/xhtml1-strict.dtd">
<html xmlns="http://www.w3.org/1999/xhtml">
<head>
<title>演示 CSS</title>
<meta http-equiv="Content-Type"
content="text/html; charset=gb2312" />
<style type="text/css">
<!--
    p.song { font-family: "宋体"; }
    p.hei { font-family: "黑体"; }
    p.eng { font-family: Arial; }
-->
</style>
</head>
<body>
<p class="song">我的字体是宋体</p>
<p class="hei">我的字体是黑体</p>
<p class="eng">My font family is Arial.</p>
</body>
</html>
```

上面的网页分别为三个段落定义了三种不同的字体。请注意中文的字体要使用引号，而英文字体则不需要。而且在实际应用中可能遇到这样的问题：网站浏览者的计算机并没有网页中设置的字体。为了避免这种情况在此可以定义备用字体，举例如下：

```
p { font-family: "黑体", "宋体", "新宋体"; }
```

这样，当客户的计算机中不存在黑体的时候，它就会以后面的备用字体显示文字。

2. 定义文字大小（font-size）

【例 5-8】定义字体大小。

```
    …
    p.f12 { font-size: 12px; }
    p.f16 { font-size: 16px; }
    p.f20 { font-size: 20px; }
    …
```

```
<p class="f12">我 12 像素</p>
<p class="f16"><span class="16">我 16 像素</span></p>
<p class="f20"><span class="20">我 20 像素</span></p>
...
```

注意：不要忘记写上大小的单位，这里使用了像素（px）。通常中文网站的文字都定义为 12 像素大小，使用像素定义字体大小有明显的优点是精确、方便；但是使用像素定义字体大小也有一个缺陷，即用 IE 浏览器无法调整"字体大小"选项。

3. 定义文字样式（font-style）

【例 5-9】定义文字样式。

```
...
p.ita { font-style: italic; }
...
<p>我是正常样式</p>
<p class="ita">我是斜体</p>
...
```

4. 定义文字粗细（font-weigh）

【例 5-10】定义文字粗细。

```
...
p.b { font-weight: bold; }
...
<p>我是正常的字体。</p>
<p class="b">我是粗体</p>
...
```

5.3.2　文本属性

文本属性（text）主要用于控制页面内文本的属性，例如颜色、间距和首行缩进等合理的应用。CSS 文本属性不只可以改变页面文本的风格，还可以在一定程度上提高网页制作效率。比如若想为每一个段落的首行加两个空格，在 CSS 加入一小段代码就可以实现。下面就以首行缩进开始介绍一些常用的文本属性。

1. 首行缩进（text-indent）

【例 5-11】定义首行缩进。

```
{ text-indent: 24px; }
```

加入上面 CSS 语句的页面，所有的段落首行都将自动缩进 24 个像素。

2. 文本颜色（color）

【例 5-12】定义文本颜色。

```
...
p.lv { color: green; }
p.hong { color: red; }
...
<p class="lv">我是绿色的</p>
```

```
    <p class="hong">我是红色的</p>
    …
```

3. 文本对齐属性（text-align）

【例 5-13】定义文本对齐属性。

```
    …
    p.zhong { text-align: center; }
    p.zuo { text-align: left; }
    p.you { text-align: right;}
    …
    <p class="zhong">我的对齐方式是居中</p>
    <p class="zuo"><span class="lv">我的对齐方式是左对齐</span></p>
    <p class="you"><span class="lv">我的对齐方式是右对齐</span></p>
    …
```

4. 文本修饰（text-decoration）

【例 5-14】定义文本修饰。

```
    …
    p.shang { text-decoration: overline; }
    p.xia { text-decoration: underline; }
    p.zhong { text-decoration: line-through;}
    a.none { text-decoration:none; }
    …
    <p class="shang">上画线</p>
    <p class="xia">下画线</p>
    <p class="zhong">中画线</p>
    <p ><a href="http://www.sohu.com/" class="none">
    我是一个链接，但是没有下画线。</a></p>
    …
```

以上四个 CSS 文本属性在实际的网页设计过程中都是十分常用的，当然它们不是全部的文本属性。还有一些并不常用的文本属性和一些只涉及英文网页的 CSS 文本属性（如大小写），可以参阅 CSS 参考手册。

5.3.3 背景属性

背景属性（background）看起来似乎不如文字和文本等属性重要，但事实上它往往影响网站的整体风格。下面介绍一些常用的 CSS 背景属性。

1. 背景颜色属性（background-color）

【例 5-15】定义背景颜色。

```
    <style type="text/css">
     body { background-color:red  ;}
    </style>
```

2. 背景图片（background-image）

【例 5-16】定义背景图片。

```
    <style type="text/css">
```

```
    body {
    background-image:url(http://images.sohu.com/uiue/sohu_logo/beijing2008
    /2008sohu.gif);
    }
    </style>
```

默认情况下背景图片将会不断重复，直到添满整个页面，下面说明如何控制图片的重复。

3. 背景图片的重复设置（background-repeat）

【例 5-17】背景图片的重复设置。

不重复：

```
<style type="text/css">
    body
{ background-image:url(http://images.sohu.com/uiue/sohu_logo/beijing20
08/2008sohu.gif);
    background-repeat:no-repeat; }
</style>
```

只在水平方向重复：

```
<style type="text/css">
    body
{ background-image:url(http://images.sohu.com/uiue/sohu_logo/beijing20
08/2008sohu.gif);
    background-repeat:repeat-x;}
</style>
```

只在垂直方向重复：

```
<style type="text/css">
    body
{ background-image:url(http://images.sohu.com/uiue/sohu_logo/beijing20
08/2008sohu.gif);
    background-repeat:repeat-y;}
</style>
```

4. 背景图片位置（background-position）

除了设置背景图片的重复属性之外，还可以控制背景图片出现的位置。

【例 5-18】背景图片的位置。

```
<style type="text/css">
    body
{ background-image:url(http://images.sohu.com/uiue/sohu_logo/beijing20
08/2008sohu.gif);
    background-position:center;
    background-repeat:no-repeat;}
</style>
```

5. 将背景图片固定在页面的某个位置（background-attachment）

通过该属性可以设置背景图片是否随着滚动条滚动而改变位置。

【例 5-19】将背景图片固定在页面的某个位置。

```
<style type="text/css">
 body { background-image:url(http://images.sohu.com/uiue/sohu_logo/beijing2008
```

```
/2008sohu.gif);
background-attachment:fixed;
background-repeat:no-repeat }
</style>
```

以上只是作为实例的网页，在实际的网页设计过程中，还要注意网页的背景颜色与文字颜色
配合得是否合理等细节问题。

5.4 div 和 span

5.4.1 div 和 span 的概念

div 和 span 是 XHTML 中比较特殊的标签。结合 CSS 可以实现许多方便的功能。相对于其他
XHTML 标签，div 和 span 对于它们包含的元素是没有意义的。例如，<h1></h1>标签，说明里面
是标题，<p></p>表明里面是一个新的自然段。但是 div 和 span 标签并没有这样的意义。div 只是
一个分块的标签，它可以将网页分成几个区块。div 里面可能包含一个标题，一个段落，也可能包
含图片在内的很多元素，甚至 div 也可以再包含 div。而 span 是行级元素（行内标签），通常情
况下它都用来定义一小段文字的样式。它们的另一个区别就是 div 会造成换行，而 span 则不会。

下面来看看 div 和 span 的应用实例。

5.4.2 块级标签<div>

以下是使用了块级标签<div>的一个例子。

【例 5-20】块级标签<div>。

```
<!DOCTYPE html PUBLIC "-//W3C//DTD XHTML 1.0 Strict//EN"
"http://www.w3.org/TR/xhtml1/DTD/xhtml1-strict.dtd">
<html xmlns="http://www.w3.org/1999/xhtml">
<head>
<title>演示 CSS</title>
<meta http-equiv="Content-Type"
content="text/html; charset=gb2312" />
<style type="text/css">
<!--
.box {
background-color: #EEFAFF;
width: 30%;
float: left;
}
.boxhead {
font-size: 14px;
font-weight: bold;
background-color: #AEC6FD;
text-align: center;
width: 100%;
color: #FFFFFF;
}
-->
```

```
    </style>
    </head>
    <body>
<div class="box">
<div class="boxhead">我在 div 内，类为 boxhead</div>
<p>我在 div 内</p>
<p>我在 div 内</p>
<p>我在 div 内</p>
<p>我在 div 内</p>
</div>
    </body>
    </html>
```

以上代码在浏览器中显示的效果如图 5-3 所示。

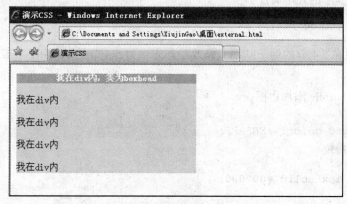

图 5-3　块级标签 div

在此例子中，首先在页面内放了一个 class 为 box 的 div，而在它的内部又放了一个 class 为 boxhead 的 div。为了便于观察，这里为 div 添加了背景颜色。下面看一下对这两个 div 定义的前面教程中没有的属性：

对 box 的属性：width: 30%;表示这个 box div 占页面宽度的 30%，而浮动属性 float: left; 则表示 box div 浮动在页面的左侧。

对 boxhead 的属性：width: 100%;由于 boxhead div 在 box div 之内，那么这里的 100%是指 box 的宽度。

5.4.3　行级标签<span>

本实例在上面实例的基础之上，只修改一段文本的颜色。修改如下代码：

将第一个 "<p>我在 div 内</p>" 修改为：

```
<p><span style="color:red">我在 div 内，也在 span 内，</span>属性为 box。</p>
```

此时发现 "我在 div 内，也在 span 内，" 这部分内容变成了红色。

以上只是关于 div 和 span 的简单介绍，而实际应用中 div 和 span 的用法非常灵活。

5.5 盒　子

CSS 盒子又称为 CSS 盒模式，是 CSS 非常重要的一部分。尤其在网页的布局中更是必不可少的。首先要清楚，CSS 中没有 box 这个属性。CSS 的盒子（box）是由以下几个部分组成的：

内容（content）、填充（padding）、边框（border）和边界（margin）。盒子的内容当然是必须有的，而填充、边框和边界都是可选的。如果把 CSS 的盒子看做现实生活中的盒子，那么内容就是盒子里装的货物；而填充就是怕货物损坏而添加的泡沫或者其他抗震的东西；边框就是盒子本身了；至于边界则说明盒子摆放的时候不能与其他物体紧挨在一起，而必须有一段空隙。当然，CSS 中的盒子是平面的。

下面介绍组成盒子的几个属性。

1. CSS 边框（border）

本节的实例均在 5.4 节的例子基础上修改。首先来为 5.4 节的 box div 添加边框。代码修改如下：

【例 5-21】为 box div 添加边框。

```
.box {
background-color: #EEFAFF;
width: 30%;
float: left;
border: 1px solid #000000;
}
```

查看修改后的页面，可以看到 box 的外边多了一条 1 像素宽的黑色实线边框。在 border: 1px solid #000000;语句中，一起为 border 指定了三个属性值，其实等效于下面的 CSS 语句：

```
border-style:solid;
border-color:#000000;
border-width:1px;
```

其实 CSS 中还有一些属性支持这样的写法，例如之前学过的 font。下面来看看如何控制某一侧的边框属性。为 boxhead div 添加一个 1 像素的虚线下侧边框，查看效果。修改的代码如下：

【例 5-22】为 boxhead div 添加下侧边框。

```
.boxhead {
font-size: 14px;
font-weight: bold;
background-color: #AEC6FD;
border-bottom:1px dashed #000000;
text-align: center;
width: 100%;
color: #FFFFFF;
}
```

上面的例子只用到了两种边框，下面来看看其他几种样式的边框。

```
<p style="border:dotted"> </p>
<p style="border:double"></p>
<p style="border:groove"></p>
<p style="border:inset"></p>
```

```
<p style="border:outset"></p>
<p style="border:ridge"></p>
```

2. CSS 填充属性（padding）

填充属性定义的是内容（content）与边框（border）的距离，下面为 boxhead div 添加一个 5 像素的填充。

【例 5-23】为 boxhead div 添加 5 像素的填充。

```
.boxhead {
font-size: 14px;
font-weight: bold;
background-color: #AEC6FD;
border-bottom:1px dashed #000000;
text-align: center;
width: 100%;
color: #FFFFFF;
padding:5px;
}
```

看看修改之后的页面，发现 boxhead div 中的内容距离边框有了一段距离。与边框属性（border）一样，填充属性（padding）也可以只设定某一边。例如，padding-left、padding-bottom。

3. CSS 边界属性（marging）

为了更好地理解边界属性（marging），现在试着为网页多添加几个 box，然后再看看网页的外观。发现 box 都连在了一起，如果不喜欢这样的布局，可以为它们设置边界属性，需要修改的代码如下：

【例 5-24】设置边界属性。

```
.box {
background-color: #EEFAFF;
width: 30%;
float: left;
border: 1px solid #000000;
margin:5px;
}
```

修改之后的页面所有的 box 之间都有了 5 像素的间隔，这就是边界属性的作用。当然，边界属性与其他两个构成盒子的属性一样都可以单独定义某一个方向。

至此，已经介绍了构成盒子的几个元素，想要完全掌握盒子的用法还需要不断的实践，尤其是想要完全用盒子来取代 table 定位的读者更是要花一定的时间在实践练习上。

5.6　定　位

CSS 定位在网页布局中是起着决定性作用。CSS 的定位功能是很强大的，利用它可以做出各种各样的网页布局。本节就介绍一些 CSS 常用的定位语句。

5.6.1　相对定位

相对定位（relative）是指相对它本来应该处的位置所做的移动。

【例 5-25】相对定位。

```
<style type="text/css">
.dingwei{
position:relative;
left:50px;
}
</style>
    …
<p>我是一段正常的文本</p>
<p class="dingwei">我本来应该在它的正下方，可是 relative 相对定位让我在正常位置
```
的基础上向右移动了 50 个像素。</p>
```
</body>
</html>
```

5.6.2 绝对定位

绝对定位（absolute）非常好理解，指定元素出现的坐标(x,y)，然后对象就准确无误地显示在那里。

【例 5-26】绝对定位。

```
<!DOCTYPE html PUBLIC "-//W3C//DTD XHTML 1.0 Strict//EN"
"http://www.w3.org/TR/xhtml1/DTD/xhtml1-strict.dtd">
<html xmlns="http://www.w3.org/1999/xhtml">
<head>s
<title>演示 CSS</title>
<meta http-equiv="Content-Type" content="text/html; charset=gb2312" />
<style type="text/css">
    p{
    font-size:24px;
    font-weight:bold;
    }
    .dingwei1{
    position:absolute;
    top:35px;
    left:35px;
    color:#FF0000
    }
    .dingwei2{
    position:absolute;
    left:50px;
    top:50px;
    color:#0000FF;
    }
</style>
</head>
<body>
<p class="dingwei1">CSS</p>
<p class="dingwei2">绝对定位</p>
</body>
</html>
```

定位中使用的 left 属性表示元素距离左侧的距离，而 top 属性表示距离上方的位置。如果用坐标系来理解，left 就是横坐标 x，而 top 就是纵坐标 y。

5.6.3　绝对定位其实也是相对定位

绝对定位会按照给定的坐标（x，y）来准确地定位一个元素，事实上这个坐标的原点就是其父元素的位置。

上例中，class 为 dingwei2 的元素设置为绝对定位，它的父元素为 body，所以它其实是相对 body 位置来定位的。如果有如下代码：

```
<p>
段落正文
<strong>强调文字</strong>
<p>
```

若给 strong 元素设置绝对定位，那么坐标原点将会是父元素 p 的位置。

尽管定位的语法非常简单，但是它的功能强大和实用是不容置疑的。合理地使用定位和盒子可以实现网页布局。

5.7　链　　接

改变链接的样式几乎在任何使用 CSS 的网站中都可以看到。对于很多追求页面美观的网站设计者来说，默认的链接样式实在是太枯燥单调了，而且它们也很难和网站的风格相吻合。下面介绍如何使用 CSS 修改网页的链接样式。

5.7.1　改变整个页面的链接样式

【例 5-27】改变整个页面的链接样式。

```
<style type="text/css">
 a:link {
    color: #FF0000;
    text-decoration: none;
    }
    a:visited {
    color: #333333;
    }
    a:hover {
    text-decoration: none;
    color: #FFFFFF;
    background-color:#0000FF;
    }
    a:active {
    text-decoration: none;
    color: #FFFFFF;
    }
</style>
```

就是上面的这段 CSS 代码改变了页面的链接样式。其中，a:link、a:visited、a:hover 和 a:active 分别对应未访问的链接、已经访问过的链接、鼠标悬停的链接和激活的鼠标链接（按下鼠标左键的时候）。这段代码看起来很简单，但是一定要注意几个样式的顺序不能颠倒，否则可能造成部分样式无法正常显示。下面再来看看如何只更改部分页面的链接样式。

5.7.2 只改变局部的链接样式

在某些网页页面的链接样式不只一种。那么如何实现这种对局部链接的样式定义呢？其实只要在链接样式的定义前面加上相应 class 或者 id 即可。例如本页面导航部分的 id 是 nvbar，那么定义的语句就应该是：

【例 5-28】只改变局部的链接样式。

```
#nvbar a:link
{
    color: #003366;
    text-decoration: none;
}

    #nvbar a:visited {
    text-decoration: none;
    color: #000000;
}
#nvbar a:hover {
    color: #FFFFFF;
    background-color:#FF0000;
}
#nvbar a:active {
    text-decoration: none;
}
```

这样链接样式的定义就只对 id 为 nvbar 的内容起作用了。相应的，如果希望这些链接的样式只对某个类起作用，只要将上面的#nvbar 替换成该类即可。例如，只对 class 为 rightbox 的内容起作用，那么就可以定义为：

```
.rightbox a:link
{
    color: #003366;
    text-decoration: none;
} …
```

现在读者已经知道 CSS 部分的代码怎么写了，但是还需要看看在网页中是如何应用它们的。假设现在有一个页面，它使用了上面的 CSS 代码。页面中有一个链接，它的代码如下：

```
<a id="nvbar" href="http://www.sohu.com/">搜狐网站</a>
```

预览结果会发现它的样式根本就没有改变，而如果将链接的代码改为：

```
<div id="nvbar"><a href="http://www.sohu.com/">搜狐网站</a></div>
```

改后 CSS 正常工作了。这个例子说明必须有一个 id 为 nvbar 的 div 或者是 p 之类的标签，然后包含在其中的链接标签 a 的样式才会受到影响。

5.8　综　合　实　例

本节将综合前几节的知识，使用 CSS 技术制作某购物网站的登录页面，如图 5-4 所示。在这个例子中，同时使用了内嵌样式，内部样式及外部样式三种样式表，读者可以从中体会样式表丰富灵活的功能。

图 5-4　综合实例效果图

首先新建两个文件夹 css 和 images，分别用来放置控制页面显示效果的 css 文件 public.css 及页面中将用到的所有图片。之后，新建网页文件 login.html，效果如图 5-5 所示。

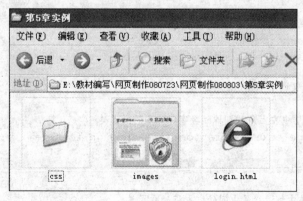

图 5-5　网页文件及相关文件夹的建立

之后，将页面中可能用到的图片及切片放置到 images 文件夹中，如图 5-6 所示。

图 5-6　images 文件夹里放置的图片

在 css 文件夹中建立名为 public.css 的文件，此文件中内容如下（注释中说明了各类的作用）：

```
/*定义 td 标签的样式,包括字号及字体*/
td{font-size:12px; font-family:Verdana}

/*定义链接样式*/
a{text-decoration:none; color:#6FB7FF;}
a:hover{text-decoration:underline; color:#FF0000 }

/*以下分别定义四个不指定标签的类*/

/* 定义图 5-7 中左上角被划掉的数字 7999 的样式类*/
.throughline{text-decoration:line-through;font-family:"宋体"; }

.search {color:#000000;}

/*定义图 5-7 中搜索栏最中间的文本框的样式类*/
.findInto {
width:240px;
border:1px solid #bbbbbb;
color:#808080;
```

```
height:22px;
padding:3px 0 0 4px;
font-family:"宋体"
}
```

```
/*定义图 5-7 右上角 "搜索" 按钮的样式类*/
.findGoto{background:url(../images/headFind.gif);height:22px;width:47p
x;border:none;cursor:hand}
```

最后编写 login.html 文件的内容。为更方便理解，在其中穿插注释，加粗的文字是需要着重学习和理解的部分。

大家知道，一个 html 文件一般由 head 部分与 body 部分两块构成。在此，先来看下 head 部分。

```
<HTML>
<HEAD>
<TITLE>登录</TITLE>
/* 引入 css 文件夹中的 public.css 文件*/
<LINK rel="stylesheet" type="text/css" href="css/public.css">
/*编写内部样式*/
<STYLE type="text/css">
 /**/
.lefttd {text-align:right; padding-right:20px; font-family:"新宋体"}

.loginMain {
    border:1px solid #57A0ED;
    padding-bottom:10px;
    background:#EEF5FF;
    margin-bottom:25px
}
.inputMain {
    border:1px solid #718DA6;
    height:17px;
    padding:2px 0 0 4px;
    width:120px
}
.loginHead {
    padding-left:50px;
    background-image:url(images/login_head.gif);
    padding-top:14px;
    height:27px;
    line-height:4px;
    font-size:13px;
    color:#fff;
    font-weight:bold
}
.picButton{
    background-image:url(images/login_submit.gif);
    border:0px;
    margin: 10px;
    padding: 0px;
    height: 30px;
```

```
        width: 137px;
        font-size: 14px;
        cursor:hand;
    }
    </STYLE>
    </HEAD>
    <BODY>
    /*……（为方便说明和理解，此处内容待续）*/
    </BODY>
    </HTML>
```

以上代码在 style 标签中还定义了五个内部样式类，在此解释下每个类的用处。

lefttd:用来控制图 5-8 左侧文字"淘淘号码"、"淘淘密码"及"验证码"样式。

loginMain: 用来控制图 5-8 整个 table 的样式。

inputMain: 用来控制图 5-8 中三个 textbox 控件的样式。

loginHead: 用来控制图 5-8 中头部"淘淘用户登录"的样式。

picButton: 用来控制图 5-8 中"登录"按钮的样式。

以上代码的 body 标签中还需要加入如下三部分代码（三个 div，要着重学习加粗的部分）构成 body 部分，分别用图 5-7～图 5-10 来显示各部分。

DIV-1

```
<DIV id="head" align="center">
  <TABLE  width="957"  border="0"  cellpadding="0"  cellspacing="0"
background="images/headBg.gif">
    <TR>
      <TD  width="544"  rowspan="2"  background="images/naviBg.JPG"><A
href="#"><IMG  src="images/logo.JPG"  width="290"  height="60"  border=
"0"></A></TD>
      <TD width="69" height="33" ><A href="#"><IMG src="images/ibuy.gif"
width="58" height="22" border="0"></A></TD>
      <TD width="69"><A href="#"><IMG src="images/sell.gif" width="58"
height="22" border="0"></A></TD>
      <TD width="100"><A href="#"><IMG src="images/mypp.gif" width="83"
height="22" border="0"></A></TD>
      <TD width="63"><A  href="#"><IMG  src="images/bbs.gif"  width="45"
height="22" border="0"></A></TD>
      <TD width="112"><IMG src="images/help.gif" width="13" height="13"
align="absmiddle"> <A href="../helpcenter/framset.html" target="_blank">
<FONT size="-1" color="#FF0000">帮助中心</FONT></A> </TD>
    </TR>
    <TR>
      <TD height="30" colspan="2"><FONT  color="#FF6262">欢迎来到淘淘网！
</FONT></TD>
      <TD colspan="3"><FONT size="-1">
  <A href="index.html" target="_blank">[首页]</A> | <A href="login.html">
[登录]</A> |
  <A href="regist.html" target="_blank">[免费注册]</A> | <A href="#">[结
算中心]</A></FONT> </TD>
    </TR>
```

```
<TR>
  <TD height="59" colspan="6" ><TABLE width="908" height="67"
  border="0" align="center" cellpadding="0" cellspacing="0">
    <TR>
      <TD width="173" ><TABLE width="191" border="0" cellspacing="0"
      cellpadding="0">
        <TR>
          <TD width="94" style="padding-bottom:3px"><IMG src="images/
          sport_115.gif"></TD>
          <TD width="97" ><A href="#" class="search">ThinkPad 双核笔记本
<BR>
                  <SPAN  class="throughline"  style="color:#c0c0c0">
7999.00</SPAN>5999.00</A></TD>
        </TR>
      </TABLE></TD>
      <TD ><TABLE height="52" cellpadding="0" cellspacing="0" >
      <TR>
        <TD width="125"><SELECT style="width:120px" name="keywordtype">
          <OPTION value="goods" selected="selected">搜索商品</OPTION>
          <OPTION value="1">搜索店铺(按名称)</OPTION>
          <OPTION value="2">搜索店主(按 Q 号)</OPTION>
          <OPTION value="3">搜索店主(按昵称)</OPTION>
        </SELECT></TD>
        <TD width="248"><INPUT name="desc" type="text" size="30"
        class="findInto"></TD>
        <TD width="204"><SELECT name="Path"  style="width:200px">
          <OPTION value="" selected="selected">所有分类</OPTION>
          <OPTION value="" >充值卡 - 手机卡 - 电话卡</OPTION>
          <OPTION value="" >网络游戏虚拟商品</OPTION>
          <OPTION value="" >腾讯 QQ 专区</OPTION>
          <OPTION value="">数码照相机 - 摄像机 - 冲印</OPTION>
        </SELECT></TD>
        <TD width="55" ><INPUT type="submit" name="image" value=" "
        class="findGoto" /></TD>
        <TD width="73" rowspan="2"><A style="color:#fff" href="#"
        class="search" >[高级搜索]</A><BR />
            <A style="color:#fff" href="#"  class="search">[店铺搜
            索]</A> </TD>
      </TR>
      <TR>
        <TD colspan="4" style="color:#FFF; margin-top:2px">
        热门搜索: <A href="#" class="search">手机充值</A> <A href="#"
        class="search">点卡售货机</A>
        <A href="#" class="search">Adidas</A> <A href="#" class=
        "search">AF1</A> <A href="#" class="search">倩碧保湿</A>
        <A href="#" class="search">Mp4</A>  <A href="#" class="search">
        凯悦时光</A>
        <A href="#" class="search">Jack&Jones</A>
          <A href="#" class="search">经典宅男</A> <A href="#" class=
          "search">金钱豹</A>
```

```
            <A href="#" class="search">i-phone</A>
            </TD>
            </TR>
        </TABLE></TD>
      </TR>
    </TABLE></TD>
  </TR>
 </TABLE>
 </DIV>
```

DIV-2

```
<DIV align="center">
<FORM action="index.html" method="post">
<TABLE>
 <TR>
  <TD width="418" style="padding-top:30px">
    <TABLE width="381" cellpadding="0" cellspacing="0" class="loginMain"
align="center">
    <TR>
     <TD colspan="2" height="27" class="loginHead">淘淘用户登录</TD>
    </TR>
    <TR>
     <TD width="120" class="lefttd">淘淘号码</TD>
     <TD width="265">
    <INPUT type="text" class="inputMain"> <A href="#" >忘记淘淘号码&gt;&gt;
</A></TD>
    </TR>
    <TR>
  <TD class="lefttd">淘淘密码</TD>
  <TD><INPUT type="text" class="inputMain"> <A href="#">忘记密码&gt;&gt;
</A></TD>
 </TR>
    <TR>
     <TD width="120" class="lefttd">验证码</TD>
     <TD width="265"><INPUT type="text" class="inputMain"> </TD>
    </TR>
    <TR><TD height="22"> </TD>
    <TD ><A href="#" >看不清，换一张 </A></TD></TR>
    <TR><TD  colspan="2"  align="center"><IMG  src="images/code.jpg">
</TD></TR>
    <TR><TD  colspan="2"  align="center"><INPUT  type="submit"  value=""
class="picButton"></TD></TR>
    <TR><TD colspan="2" align="center"><INPUT type="checkbox" value="">
     <A href="#">阅读并同意淘淘用户协议</A>
    </TD></TR>
    </TABLE>
   </TD>
   <TD width="320" style="padding-top:10px">
   <TABLE border="0" cellpadding="0" cellspacing="0" >
```

```
    <TR><TD  width="451"  style="padding-left:10px"><IMG  src="images/
right.jpg"></TD></TR>
      <TR><TD style="width:230px;padding:10px 0 0 40px">
          <IMG src="images/arrow.gif">
       <A href="#">观看"购物全过程"演示</A><BR>
      <IMG src="images/arrow.gif">
        <A href="#">如何开通网上银行? </A><BR>
       <IMG src="images/arrow.gif">
        <A href="#">卖家百科之"新手卖家篇"</A>
      </TD></TR>
      </TABLE>
    </TD>
   </TR>
  </TABLE>
  </FORM>
  </DIV>
```

DIV-3

```
  <DIV id="foot">
  <TABLE width="100%" align="center" style=" text-align:center">
     <TR>
       <TD colspan="2"><HR width="950" size="1" noshade="noshade"></TD>
     </TR>
     <TR>
       <TD colspan="2"><A href="#" >淘淘简介</A> <A href="#">淘淘动态</A> <A
href="#">商务合作</A> <A href="#" >客服中心</A> <A href="#">淘淘招聘</A> <A
href="#">用户协议</A> <A href="#">版权说明</A> </TD>
     </TR>
     <TR>
       <TD width="35%" align="right"> <IMG src="images/icon04.gif"> </TD>
       <TD width="65%" align="left" style="padding-left:5px"> <A href="#">
最时尚的购物网站</A> | 淘淘版权所有 &copy; 2008-2010<BR>
    <A href="#">北京市通管局</A> <A href="#">增值电信业务经营许可证 B2-20040031
</A>   </TD>
     </TR>
    </TABLE>
  </DIV>
```

图 5-7　页面效果图（顶部）

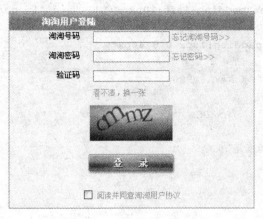

图 5-8　页面效果图（中左）

图 5-9　页面效果图（中右）

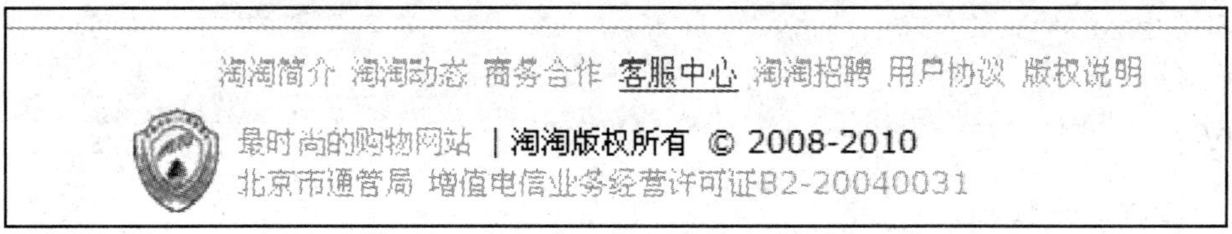

图 5-10　页面效果图（底部）

习　　题

1. 简述 CSS 的分类及多种样式同时存在时，它们对网页作用的优先顺序。

2. 利用 CSS 中的字体、字号、字体样式和字体加粗属性设置网页的文字。

3. 对网页中的某段文字进行排版，具体要求为首行缩进 2 字符，字符间距为 10 像素，行高为 15 像素，并且要给文字加上下画线。

4. 结合课堂所学知识并适当参考网络信息，完成如下"栏目链接列表"功能：鼠标移动到链接所在行，链接文本颜色会改变，同时会在链接右下侧显示一个与链接相关的信息面板，信息面板中左侧有一幅图片，图片右侧有三项说明，它们分别是"歌名"、"歌手"、"介绍"。这个栏目被重定位到其他地方，效果、位置不会发生改变，全程只用 CSS+DIV 实现，无任何脚本。

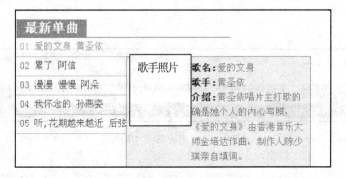

图 5-11　习题 4 效果图

第 **6** 章 — JavaScript 网页特效

JavaScript 是一种能让网页更加生动活泼的描述语言，也是目前网页设计中最容易学又最方便的语言。用户可以利用 JavaScript 轻易地设计出亲切的欢迎信息、漂亮的数字钟、有广告效果的跑马灯及简易的选举票单，还可以显示浏览器停留的时间。

6.1 JavaScript 简介

JavaScript 是一种被嵌入 HTML 网页之中的基于对象和事件驱动编程的脚本语言。脚本实际上就是一段程序，用来完成某些特殊功能。脚本程序分为运行在服务器端的服务器脚本（如 ASP、JSP 等）和运行在客户端的脚本，JavaScript 就属于后者。客户端脚本常用来响应用户动作、验证表单数据以及显示对话框、动画等。使用客户端脚本的优势在于，由于脚本程序是随网页同时下载到客户机上的，因此网页对用户数据的验证和对用户的响应，都无需通过网络与服务器进行通信，从而降低了网络数据传输和负荷。客户端脚本主要是弥补了纯 HTML 语言和服务器端脚本的缺陷，能够更有效率地、更友好地响应用户的请求。

JavaScript 就是几乎被所有浏览器支持地被广泛应用的脚本语言，具有以下几个特点：

① JavaScript 是一种脚本编写语言，采用小程序段的方式实现编程，也是一种解释性语言，提供了一个简易的开发过程。它与 HTML 标记结合在一起，从而方便用户的使用操作。

② JavaScript 是一种基于对象和事件驱动的语言，同时也可以看做是一种面向对象的语言。这表示它能通过运作一些已有的对象而引导程序运行，许多功能来自于对象之间的相互作用。它对用户的响应，是采用事件驱动的方式进行的。所谓事件驱动，是指用户在网页中执行了某种操作所产生的动作，从而触发相应的事件响应。

③ JavaScript 是一种简单的语言。它是一种基于基本程序语句和控制流之上的简单而紧凑的设计，而且它的变量不使用严格的数据类型。

④ JavaScript 是一种安全性语言。它不允许访问本地硬盘，并且不能将数据存入到服务器上，不允许对网络文档进行修改和删除，只能通过浏览器实现信息浏览或动态交互，从而有效地防止数据丢失。

⑤ JavaScript 具有跨平台性。它依赖于浏览器本身，与操作环境无关，只要能运行支持 JavaScript 的浏览器就能正确执行程序。

6.2 在网页中插入 JavaScript 的方法

6.2.1 一个简单的 JavaScript 实例

在编写 JavaScript 脚本时，可以像编辑 HTML 文档一样，在文本编辑器（如记事本）中输入脚本代码即可。下面创建第一个 JavaScript 的小实例。

【例 6-1】在 HTML 文档中，利用 JavaScript 脚本显示"第一个 JavaScript 的小实例"字样，同时弹出对话框，显示"欢迎光临!"。

```html
<html>
    <head>
        <title>JavaScript 实例</title>
        <script language="JavaScript">
            document.write("第一个 JavaScript 的小实例");
            alert("欢迎光临! ");
        </script>
    </head>
    <body>
    </body>
</html>
```

运行这段代码，可以看到如图 6-1 所示的效果。

图 6-1　JavaScript 运行效果

简单解释一下这段代码，document.write()是调用了 document 对象的 write()函数，其功能是将括号中的字符或变量值输出到窗口。alert()是 JavaScript 的窗口对象（window）的函数，其功能是弹出一个对话框并显示括号里的信息。需要提醒的是 JavaScript 代码区分大小写。

上面这个例子，只是简单地直接将 JavaScript 代码嵌入到 HTML 文档中。其实，插入 JavaScript 代码包括直接在 HTML 文档中嵌入脚本代码，链接脚本文件和在标记内添加脚本三种方式。

6.2.2 在 HTML 文档中嵌入脚本程序

JavaScript 脚本代码可以直接嵌入 HTML 文档中，使之成为 HTML 文档的一部分。其格式为：

```html
<script language="JavaScript">
    JavaScript 语言代码;
    JavaScript 语言代码;
    …
</script>
```

　　属性 language="JavaScript"指出使用的脚本语言是 JavaScript。<script>...</script>标记内部定义了若干 JavaScript 语句和函数。<script>...</script>常被插入<head>...</head>或<body>...</body>之间，多数情况下应放到<head>...</head>标记之间，这样可以让 JavaScript 程序代码先于其他代码被加载执行。

　　在 HTML 文档中直接嵌入脚本程序的方式，多用于小型网站。如果某段 JavaScript 代码需要在另外一个网页中同样应用时，还需要在该网页中再次嵌入一遍，这样不利于代码的重复利用和后期维护。

6.2.3　链接脚本文件

　　可以把脚本保存在一个扩展名为.js 的文本文件中，供需要该脚本的多个 HTML 文件引用，有利于重复利用。要引用外部脚本文件，使用 script 标记的 src 属性指定外部脚本文件的 URL。其格式为：

```
<head>
    ...
    <script type="text/javascript" src="脚本文件名.js"></script>
    ...
</head>
```

type="text/javascript"属性定义文件的类型是 javascript。Src 属性定义.js 文件的 URL。

　　如果通过这种链接外部脚本的方式，则浏览器只使用外部文件中的脚本，并忽略任何位于<script>...</script>之间的脚本。

　　脚本文件可以用任何文本编辑器打开编辑，脚本文件内容是脚本，不包含 HTML 标记。

　　【例 6-2】把例 6-1 改为链接脚本文件，运行过程和结果相同。

```
<html>
    <head>
        <title>JavaScript 实例</title>
        <script type="text/javascript" src="test.js"></script>
    </head>
    <body>
    </body>
</html>
```

脚本文件 test.js 的内容为：

```
document.write("第一个 JavaScript 的小实例");
alert("欢迎光临！");
```

6.2.4　在标记内添加脚本

　　可以在 HTML 表单的 input 标记内添加脚本，以响应输入的事件。

　　【例 6-3】在 input 标记中添加 JavaScript 的脚本。

```
<html>
    <head>
        <title>JavaScript 实例</title>
    </head>
    <body>
JavaScript 实例
```

```
        <form>
            <input type="button" onClick="JavaScript:alert('欢迎光临！');"
            value="单击此处">
        </form>
        </body>
    </html>
```

如图 6-2 所示为浏览器加载时的显示结果，单击"单击此处"按钮后，页面如图 6-3 所示。

图 6-2　初始效果

图 6-3　单击按钮后的页面

6.3　JavaScript 的基本语法

JavaScript 脚本语言同其他语言一样，有基本的数据类型、表达式和算术运算符以及程序的基本框架结构。

6.3.1　常量

JavaScript 的常量通常又称字面常量，它是不能改变的数据，主要包括：

1. 整型常量

可以使用十进制、十六进制、八进制表示其值。

2. 实型常量

由整数部分加小数部分表示，如 54.2、100.7。可以使用科学或标准方法表示：4E5、1.3e4 等。

3. 字符型常量

使用单引号（'）或双引号（"）引起来的一个或几个字符，如"I am a student"、"123"等。

4. 布尔型常量

只有两个值的状态，true 或 false。主要用来代表一种状态，判断下一步该如何执行。

5. 空值

空值 null 表示什么也没有。例如，试图引用没有定义的变量，则会返回一个 null 值。

6. 特殊字符

有些以反斜杠"\"开头的不可显示的特殊字符，通常表示特定含义，称为控制字符。例如，\n 表示换行，\t 表示 Tab 符号。

6.3.2 变量

变量是用来存放程序运行过程中临时信息的容器。对于变量必须明确变量的命名、变量的类型、变量的声明及变量的作用域。

1. 变量的命名

变量名称可以包含字母（区分大小写）、数字、下画线（_）或美元符（$），但第一个字符不能是数字，不能使用 JavaScript 中的关键字作为变量，如 var、int 等。对变量命名时，最好把变量的意义与其代表的意思对应起来，以方便记忆。

2. 变量的类型

变量在使用时可以不做声明，变量的类型是在赋值时根据数据的类型来确定的。但是，应该养成在使用变量之前先进行声明的好习惯。

3. 变量的声明

在 JavaScript 中，变量在使用之前，先使用 var 关键字。例如：

```
var username;或 var username="zhangsan";
```

前面声明的方式没有赋值，而后面在声明的同时进行了赋值。

4. 变量的作用域

JavaScript 中变量分为全局变量和局部变量。通常声明于函数内部的属于局部变量，声明于 script 标记内、函数外的则属于全局变量。不用作用域的变量在各自作用域内发挥作用。

6.3.3 运算符

运算符是用于完成操作的一系列符号，在 JavaScript 中有算术运算符、字符串运算符、比较运算符、布尔运算符等。

1. 算术运算符

JavaScript 中的算术运算符有单目运算符和双目运算符。其中双目运算符主要包括+（加）、−（减）、*（乘）、/（除）、%（取模）。单目运算符主要包括++（递加 1）、−−（递减 1）。

2. 字符串运算符

字符串运算符 + 用于连接两个字符串。例如，"ab"+"12"。

3. 比较运算符

比较运算符的运算过程是首先对其操作数进行比较，再返回一个 true 或 false 值。有六个比较运算符：<（小于）、<=（小于等于）、>（大于）、>=（大于等于）、==（等于）、!=（不等于）。

4．布尔运算符

布尔运算符也称为逻辑运算符，主要包括!（取反）、&&（逻辑与）、||（逻辑或）。

6.3.4 表达式

在声明完变量后，即可对其进行赋值、改变、计算等一系列操作，而完成这一过程操作就需要使用表达式。可以说，表达式就是变量、常量及运算符的集合。

【例 6-4】显示几个表达式的运算结果。

```html
<html>
    <head>
        <title>JavaScript 表达式</title>
        <script language="JavaScript">
            var exp1=2+3>4 ;
            var exp2=(1==2)||(5<6) ;
            document.write("2+3>4 是否正确? "+exp1+"<br />");
            document.write("(1==2)||(5<6) 是否正确? "+exp2);
        </script>
    </head>
    <body>
    </body>
</html>
```

上例中首先声明两个变量 exp1 和 exp2，同时将表达式 2 + 3 > 4 和表达式 (1==2) || (5<6) 的值赋给两个变量。document.write() 函数能够将括号里表达式的值输出。

运行例 6-4 的程序，效果如图 6-4 所示。

图 6-4 使用表达式的效果

6.3.5 程序控制流语句

在任何一种语言中，程序控制流语句都是必须的，因为它可以改变整个程序的运行顺序，使之按照程序员预定的思路进行。

1．if...else 条件语句

if...else 语句是最基本的控制语句，通过对表达式的判断，根据布尔型的返回值来决定程序的运行分支。基本格式如下：

```
if(表达式) {
分支语句 1;
```

```
} else
{
    分支语句 2;
}
```

当表达式为 true 时，执行分支语句 1；否则执行分支语句 2。若 if 或 else 后的语句有多行，则必须使用花括号将其括起来。

2. switch 语句

当判断条件比较多时，为了使程序更加清晰，可以使用 switch 语句。基本格式如下：

```
switch(表达式) {
case 值1:
    分支语句 1;
    break;
case 值2:
    分支语句 2;
    break;
…
default:
    分支语句 N;
}
```

使用 switch 语句时，表达式的值将与每个 case 语句中的常量作比较。如果相匹配，则执行该 case 语句后的代码；如果没有一个 case 的常量与表达式的值相匹配，则执行 default 语句。当然，default 语句是可选的。

3. for 循环语句

for 语句用于实现条件循环，即当条件成立时，执行循环体语句，否则跳出循环体。基本格式如下：

```
for(初始化;条件;增量) {
循环体语句;
}
```

for 循环语句的执行步骤：

① 执行"初始化"部分，给计数器变量赋初值。

② 判断"条件"是否为真，如果为真则执行循环体，否则退出循环体。

③ 执行循环体语句之后，执行"增量"部分。

④ 重复步骤②和步骤③，直到退出循环。

4. while 循环语句

该语句与 for 语句一样，当条件为真时，重复循环，否则退出循环。基本格式如下：

```
while(条件)
{
    循环体语句;
}
```

在 while 语句中，条件语句只有一个，当条件不符合时跳出循环。它与 for 语句的主要区别在于：使用 for 语句一般有明确的循环次数，而 while 循环对复杂的语句效果更特别。

使用 for 循环或 while 循环语句，有时会用到 break 语句或 continue 语句。break 语句可以使循环从 for 或 while 循环中跳出；continue 语句则使程序跳过循环内剩余的语句而进入下一次循环。

6.3.6 函数

通常在进行一个复杂的程序设计时，总是根据所要完成的功能，将程序划分为一些相对独立的部分，每部分编写一个函数，从而使各部分充分独立、任务单一、程序清晰、易维护。JavaScript 函数由关键字 function 定义，通过指定函数名，传递实参来调用一个函数。函数定义方法如下：

```
function 函数名(形参列表)
{
    函数体;
    return 表达式;
}
```

在定义的函数括号内可以列出形参，形参用来接受调用函数时传递给函数使用或操作的值，return 则用于设定函数的返回值。值得注意的是，JavaScript 中几乎所有地方都是对大小写敏感的。

【例 6-5】写一个 JavaScript() 函数 evenSum 用于求两个数字之间偶数之和，调用该函数计算 10～50 之间的偶数之和。

```html
<html>
 <head>
    <title>JavaScript 函数</title>
    <script language="JavaScript">
       function evenSum(start,end) {
           var sum=0;
           for(i=start;i<=end;i++){
               if(i%2==0){
                   sum+=i;
               }
           }
           return sum;
       }
       document.write("10～50 之间的偶数之和为" + evenSum(10,50));
    </script>
 </head>
 <body>
 </body>
</html>
```

6.4　JavaScript 对象

网页最终都通过与用户的交互操作，在浏览器中显示出来。JavaScript 将浏览器本身、网页文档以及网页文档中的 HTML 元素等都用相应的内置对象来表示，其中一些对象是作为另外一些对象的属性而存在的，这些对象之间的层次关系统称为 DOM（Document Object Model，文档对象模型）。在脚本程序中访问 DOM 对象，可以实现对浏览器本身、网页文档以及网页文档中的 HTML 元素的操作，从而控制浏览器和网页元素的行为和外观。下面介绍几个重要的浏览器内部对象。

6.4.1　window 对象

window 对象处于对象层次的最顶端，它提供了处理窗口的方法和属性，每个 window 对象代表一个浏览器窗口。下面介绍 window 对象的常用属性和方法。

window 对象的 status 属性用来设置浏览器状态栏当前显示的信息，例如：

```
<script>
    window.status="欢迎光临本网站";
</script>
```

window 对象的常用方法有：

① open(url, windowName, parameterList)：根据页面地址、窗口名称、窗口风格打开一个窗口。

【例 6-6】利用 JavaScript 代码在显示主页时打开 login.html。

```
<html>
<head>
    <title>window 对象的 open 方法</title>
    <script language="JavaScript">
        window.open("login.html", "login", "width=150, height=150");
    </script>
</head>
<body>
</body>
</html>
```

② alert(text)：弹出警告框，参数为警告信息，如图 6-5 所示。

③ confirm(text)：弹出确认框，参数为确认信息，如图 6-6 所示。

图 6-5　警告框　　　　　　　　　　图 6-6　确认框

④ prompt(text, defaultText)：弹出提示框，参数为提示信息和默认值。例如，prompt("请输入用户名："，"某某");。运行该代码，弹出如图 6-7 所示的提示框。

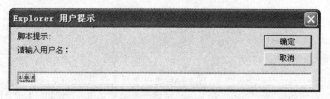

图 6-7　提示框

6.4.2　document 对象

document 对象包含当前网页的各种特征，如标题、背景、使用的语言等。document 对象最常用的方法就是 write()方法，该方法用来实现在网页上显示输出信息。

【例 6-7】利用 document 对象的 write()方法在网页上输出两个变量的和。

```
<html>
<head>
    <title>document 对象的 write 方法</title>
    <script language="JavaScript">
        var num1=5;
```

```
            var num2=10;
            document.write(num1+num2);
        </script>
    </head>
    <body>
    </body>
</html>
```

6.4.3 location 对象

location 对象是一个静态的对象，它描述的是某一个窗口对象所打开的地址，经常用于实现页面跳转。

【例 6-8】利用 location 对象的 href 属性实现页面跳转。

```
<html>
<head>
    <title>location 对象</title>
</head>
<body>
<form>
    <input type="button"value="跳转页面"onClick="location.href
    ='index.html';" />
</body>
</html>
```

6.4.4 history 对象

history 对象是指浏览器的浏览历史，常用方法主要包括：back()函数与单击"后退"按钮等效；forward()函数与单击"前进"按钮等效；go()函数实现在历史的范围内到达一个指定的地址。

【例 6-9】利用 history 对象实现后退、前进和刷新的操作。

```
<html>
<head>
    <title>history 对象</title>
</head>
<body>
<form>
    <input type="button" value="后退一个历史记录" onClick="history.go(-1);" />
    <input type="button" value="前进一个历史记录" onClick= "history.go(1);" />
    <input type="button" value="刷新本页面" onClick="history.go(0);" />
</body>
</html>
```

6.5　JavaScript 事件

JavaScript 是基于对象的语言，而基于对象的基本特征就是采用事件驱动。通常鼠标或键盘的动作称之为事件，而由鼠标或键盘的动作引发的一连串程序动作，称之为事件驱动。在 JavaScript 中，对象的事件处理可以直接使用 JavaScript 代码，也可以使用 JavaScript 内部函数，还可以使用自己编写的函数。JavaScript 事件主要包括以下几种：

1．单击事件——onClick

用户单击鼠标按键时可产生 onClick 事件，同时 onClick 指定的函数或代码将被调用执行。例如，<input type="button" value="显示" onClick="window.alert('你好！朋友！');" />，单击"显示"按钮，就会弹出一个对话框，显示"你好！朋友！"的信息。

2．改变事件——onChange

当 text 或 textarea 元素内的字符值改变或 select 下拉列表框状态改变时发生该事件。例如，<textarea name="content" rows="5" cols="60" value="" onChange="window.alert('您在编辑框中添加了新内容');" />。

3．选中事件——onSelect

当 text 或 textarea 元素中的文字被选中时引发该事件。例如，<input type="text" value="已有信息" onSelect="window.alert('您选中了文本框中的文字');">。

4．获得焦点事件——onFocus

当用户单击 text 或 textarea 以及 select 元素时，即将光标落在文本框、编辑框或下拉列表框时会产生该事件。

【例 6-10】当用户单击文本框时，清除文本框内默认文字。

```html
<html>
<head>
    <title> onFocus 事件</title>
    <script language="JavaScript">
        function fos()
        {
            document.myform.user.value="";
        }
    </script>
</head>
<body>
    <form name="myform">
        <input type="text" name="user" value="输入用户名" onFocus="fos()" />
    </form>
</body>
</html>
```

上例中通过激发文本框的 onFocus 事件，调用 fos()函数，使得窗口中 myform 表单的 user 文本框内的值清空。

5．鼠标经过事件——onMouseOver

鼠标经过事件是当鼠标位于元素上方时所引发的事件。

【例 6-11】当鼠标经过按钮时，改变网页背景颜色。

```html
<html>
<head>
    <title> onMouseOver 事件</title>
</head>
```

```
<body>
    <form>
        <input type="button" value="改变背景颜色"
        onMouseOver="document. bgColor='#FFFFCC'" />
    </form>
</body>
</html>
```

6.6　JavaScript 特效实例

6.6.1　动态显示时间

很多网页都能显示当前的时间，这主要是通过调用 window 对象的 setTimeout 方法来实现。实例代码如下：

【例 6-12】动态显示时间。

```
<html>
<head>
    <title>动态显示时间</title>
    <script language="JavaScript">
        var timerID=null;
        var timerRunning=false;
        <!--停止时钟-->
            function stopclock()
            {
                if(timerRunning) clearTimeout(timerID);
                timerRunning=false;
            }
        <!--开始时钟-->
        function startclock()
        {
            stopclock();
            showtime();
        }
        <!--显示时间-->
        function showtime()
        {
            var now=new Date();
            var hours=now.getHours();
            var minutes=now.getMinutes();
            var seconds=now.getSeconds()
            var timeValue="" +((hours >= 12) ? "下午 " : "上午 " )
            timeValue += ((hours >12) ? hours -12 :hours)
            timeValue += ((minutes < 10) ? ":0" : ":") + minutes
            timeValue += ((seconds < 10) ? ":0" : ":") + seconds
            document.clock.thetime.value=timeValue;
            timerID=setTimeout("showtime()",1000);
            timerRunning=true;
        }
```

```
            </script>
        </head>
        <body onload="startclock()">
            <form name="clock" >
            <input name="thetime" style="font-size: 9pt;color:#000000; border:0 "
            size="12"/>
            </form>
        </body>
        </html>
```

6.6.2　验证表单

用户在提交表单数据时，经常进行客户端的简单验证，如用户名是否为空，密码长度是否符合要求，电子邮件地址是否合法等。这些操作都交给 JavaScript 代码来完成验证。

【例 6-13】利用 JavaScript 进行表单验证。

```
<html>
    <head>
    <title>用户信息验证</title>
    <script language="JavaScript">
        function check() {
            <!--判断姓名是否为空-->
            if (document.loginfrm.txtName.value=="") {
                window.alert("姓名一栏必须填写");
                return false;
            }
            <!--判断密码长度是否少于6位-->
            var password=document.loginfrm.txtPassword.value;
            if(password.length<6) {
                window.alert("密码应不少于6位");
                return false;
            }
            <!--判断邮件地址是否合法-->
            var Email=document.loginfrm.txtEmail.value;
            if(Email.indexOf("@")<0) {
                window.alert("电子信箱地址不合法");
                return false;
            }
            return true;
        }
    </script>
    </head>
    <body bgcolor="#ffffff">
        <form action="" method="POST" name="loginfrm" onsubmit="check()">
            用户姓名: <input name="txtName" type="text" size="30" />
            密码: <input name="txtPassword" type="password" size="30" />
            所在省: <select name="select">
                    <option>湖南</option>
                    <option>湖北</option>
                    <option>黑龙江</option>
                </select>
```

```
              所在城市: <input name="txtCity" type="text" size="30" />
              电子信箱: <input name="txtEmail" type="text" size="30" />
                   <input type="submit" name="submit" value="注册" />  
                   <input type="reset" name="cancel" value="取消" />  
         </form>
      </body>
   </html>
```

6.6.3 跟随鼠标的文字

经常在一些博客或有意思的网页上可以看到鼠标跟随文字的效果，其实是 JavaScript 代码的作用，阅读简单的跟随鼠标文字的代码可以制作出非常个性化的网页效果。

【例 6-14】使用 JavaScript 制作一个跟随鼠标文字的效果。

```
<html>
<head>
   <title>跟随鼠标的文字</title>
      <style type="text/css">
      .spanstyle
      {
          position:absolute;
          visibility:visible;
          top:-50px;
          font-size:9pt;
          color: #000000;
          font-weight:bold;
      }
   </style>
   <script>
      var x,y;
      var step=20;
      var flag=0;
      var message="javascript";
      message=message.split("");
      var xpos=new Array();
      for(i=0;i<=message.length-1;i++) {
          xpos[i]=-50;
      }
      var ypos=new Array();
      for (i=0;i<=message.length-1;i++) {
          ypos[i]=-50;
      }
      function handlerMM(e){
      x=(document.layers)?
              e.pageX:document.body.scrollLeft+event.clientX;
      y=(document.layers) ?
              e.pageY:document.body.scrollTop+event.clientY;
      flag=1;
      }
      function makesnake() {
          if(flag==1&&document.all){
```

```
            for(i=message.length-1;i>=1;i--) {
                xpos[i]=xpos[i-1]+step;
                ypos[i]=ypos[i-1];
            }
            xpos[0]=x+step;
            ypos[0]=y;
            for(i=0; i<message.length-1; i++) {
                var thisspan=eval("span"+(i)+".style");
                thisspan.posLeft=xpos[i];
                thisspan.posTop=ypos[i];
            }
        }
        else if (flag==1&&document.layers) {
            for(i=message.length-1; i>=1; i--) {
                xpos[i]=xpos[i-1]+step;
                ypos[i]=ypos[i-1];
            }
            xpos[0]=x+step;
            ypos[0]=y;
            for(i=0; i<message.length-1; i++) {
                var thisspan=eval("document.span"+i);
                thisspan.left=xpos[i];
                thisspan.top=ypos[i];
            }
        }
            var timer=setTimeout("makesnake()",30);
        }
        for(i=0;i<=message.length-1;i++) {
            document.write("<span id='span"+i+"'class='spanstyle'>");
            document.write(message[i]);
            document.write("</span>");
        }
        if(document.layers){
            document.captureEvents(Event.MOUSEMOVE);
        }
            document.onmousemove=handlerMM;
            </script>
        </head>
        <body onLoad="makesnake()">
        </body>
    </html>
```

6.6.4　复选框的操作

与用户的友好交互非常重要，例如在一些邮件系统的收件箱中经常用户会存放许多信件，如果想进行全部删除操作，可以选中"全选"复选框来选中所有邮件，然后删除。这种"全选""取消选择"的操作就可以通过 JavaScript 来完成。

【例 6-15】实现复选框"全选"和"取消选择"操作。

```
    <html>
        <head>
        <title>复选框的操作</title>
            <script>
                function choose(flag) {
```

```
                var checkboxObj=document.getElementsByName("hobby");
                for(var i=0;i<checkboxObj.length;i++){
                    checkboxObj[i].checked=flag;
                }
            }
            </script>
    <body>
        <form name="myform">
            <input type="checkbox" name="hobby" />上网<br />
            <input type="checkbox" name="hobby" />唱歌<br />
            <input type="checkbox" name="hobby" />跳舞<br />
            <input type="checkbox" name="hobby" />阅读<br />
        </form>
        <a href="javascript:choose(true)">全选</a>  
        <a href="javascript:choose(false)">取消选择</a>
    </body>
</html>
```

习　　题

1. 制作一个密码检测的 JavaScript 程序，要求能够判断密码是否正确，并给出提示。

2. 根据当前的系统时间，显示不同时段的欢迎内容，如在 12：00～18：00 时段，显示"下午好！"。

3. 当打开网页时，显示"欢迎光临"对话框；关闭浏览器窗口时，显示"再见"对话框。

4. 制作一个关键字搜索表单，表单内文本框默认显示"请输入关键字"，当光标停在该文本框内，框内内容自动清空。

第 7 章　Fireworks 图像处理

Fireworks 是一个创建、编辑和优化网页图形的多功能应用程序。可以创建和编辑位图和矢量图像、设计网页效果（如变换图像和弹出菜单）、修剪和优化图形以减小其文件大小以及通过使用重复性任务自动进行，节省时间。在完成一个文档后，可以将其导出或另存为 JPEG 文件、GIF 文件或其他格式的文件，与包含 HTML 表格和 JavaScript 代码的 HTML 文件一起用于网页。如果想继续使用其他应用程序（如 Photoshop 或 Macromedia Flash）编辑该文档，还可以导出并保存为特定于相应应用程序的文件类型。

7.1　Fireworks CS3 简介

Adobe Fireworks CS3（见图 7-1）是 Fireworks 目前最新版本，它是一款用来设计网页图形的应用程序。它所含的创新性解决方案解决了图形设计人员和网站管理员所面临的主要问题。Fireworks 中的工具种类齐全，使用这些工具，可以在单个文件中创建和编辑矢量和位图图形。

图 7-1　Fireworks CS3

以前，网页设计人员需要在多达十个以上的应用程序之间来回跳转来操作具体任务，Fireworks 的问世使他们得以从中解脱出来。它提供的无破坏性的动态滤镜消除了设计人员由于在进行任何简单编辑之后都要再次重新创建网页图形的麻烦；Fireworks 可生成 JavaScript，从而可以很轻松地创建变换图像；高效的优化功能可在不牺牲品质的前提下缩减网页图形文件的大小。

在 Fireworks CS3 里面最引人注意的就是新增了整合图像编辑以及视图调整的"图像编辑"面板，还有"自动形状属性"面板和"特殊字符"面板，还有一些面板也进行细微的调整，例如"信息"面板，将"属性检查器"上的显示调整编辑区对象的"宽、高、X、Y"各项的值整合进来。还有一点细微的变化就是"工具箱"面板有了一个细微的变动，就是原来"位图"栏内的"滴管"和"油漆桶/渐变色"工具都统一调整到"颜色"栏内，调整后的感觉与所属栏目更贴切些，在使用中还发现了"层"面板有两个很实用的改进，那就是不仅可以锁定对象所在的单独对象层（通过选择"修改"｜"锁定所选"命令或按【Ctrl+Alt+L】组合键也可实现这种效果），而且还可以通过【Shift】键配合在"层"面板中快速选择多个编辑对象。

Fireworks CS3 几个功能强大的菜单命令在此介绍一下：一是"选择"菜单中的"将选取框转化为路径"命令；二是"修改"菜单中新增的"将路径转化为选取框"命令，可以说这两个命令的推出是 Fireworks CS3 中的亮点；三是"修改"菜单中新增的"锁定所选"命令，对于精细编辑操作很有帮助；四是"命令"菜单中新增的几个很有用的命令值得大家注意，"创意"子菜单中新增了"创建阴影"命令，使得创建透视阴影的效果有了最简单的解决方案，另外，"批次执行命令"菜单中融合了众多常见的变形操作，使一些常见命令的操作更为轻松了，大家可以在实战中体会。

"选择"菜单中仍然有"保存位图所选"命令，不过在 Fireworks CS3 里面可以保存多个选取框，原来不能保存多个选取框的问题得到了解决，通过"恢复位图所选"命令可以快速选择想要载入先前保存的选取框；选取框转化路径及路径转化为选取框的命令设置为矢量对象和位图的转化提供了一种非常好的途径；而附加到路径上的文本对象的路径形状可以再次调整，吸取了 Illustrator 的先进手段。这个改进使文本对象附加路径的操作更为方便了；在编辑区上输入文本对象，层上会自动将文本内容命名为该层的名称；新增的 CSS（层叠样式表）弹出菜单格式的保存使得弹出菜单的使用更为灵活，后期的调整也更为直观、简单；在文本输入上，可以将最近使用过的字体在字体选择的下拉列表框的最上方来集中显示，有些类似 Word 等字处理软件的做法，应该说在一定程度上方便了使用；优化的批处理工作流程也是使批量工作流程更为快捷的一个有效变化。

在 Fireworks CS3 的"混合模式"项中，总共提供了 25 种混合模式供大家在"实战"中使用；更多的切片选项是对多边形切片对象的更为完美的支持；更多导入文件格式的支持，还有使用"另存为"命令可以保存更为丰富的其他格式类型的文件；图案纹理也都有了一些细微的变化，均增添了几种新的更为实用的"面孔"；"样式"面板中也增加了许多现成的样式，利用起来更为方便；另外，安装 Fireworks CS3 后出现的示例按钮、动画、主题和公告牌等资源制作的快速入门技巧和帮助也是快速掌握 Fireworks CS3 软件的一种有效的手段。

视图项上的一些变化，最主要的是"网格"的变化，减少了显示网格的数目，变成了类似 Flash 那样使用虚线的网格显示模式，同时采用了颜色较浅的颜色作为默认的网格颜色；自动保存首选参数的功能是 Fireworks CS3 的一个改进，首选参数可更加频繁地进行自动保存，对于定制个人最顺手的 Fireworks 有极大的帮助。

7.2　Fireworks CS3 的基础操作

7.2.1　创建新文档

第一次启动 Fireworks CS3 时，会出现一个启动页面，如图 7-2 所示。在这里用户可以快速访问最近编辑过的文档或者创建一个新文档，也可以访问帮助文件或网页。当用户选择"创建一个新文档"后，会弹出"新建文档"对话框，如图 7-3 所示。

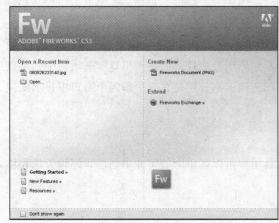

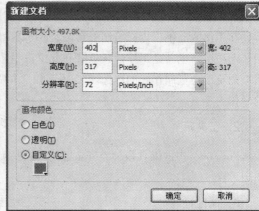

　　　图 7-2　Fireworks CS3 启动界面　　　　　　　图 7-3　"新建文档"对话框

文档的各项参数含义如下：

- 画布大小：设置文件画布的宽度、高度，可以选择不同的单位。
- 分辨率：文件的分辨率越高，图像越精细，但文件占用的空间也会大。
- 画布颜色：文档画布颜色有三个选项，依次为白色、透明、自定义颜色。在自定义下方的颜色选择框中，可以自行选择颜色。

　　单击"确定"按钮后，新的文件就创建完成了。创建的文档是 PNG 格式。PNG 是 Fireworks 本身的文件格式。在 Fireworks 中创建图形后，用户可以将它们以其他网页图形格式（如 JPEG、GIF 等格式）导出。用户还可以将图形导出为许多流行的非网页用格式，如 TIFF 和 BMP。无论用户选择哪种优化和导出设置，原始的 Fireworks PNG 文件都会被保留，以便以后进行编辑。

7.2.2　Fireworks CS3 工作界面

　　新建文档完成后可以看到 Fireworks CS3 的工作界面，如图 7-4 所示。Fireworks CS3 的工作界面由"菜单栏"、"工具栏"、"工具箱"、"工作区"、"组合面板"和"属性框"六个部分组成。

图 7-4　Fireworks CS3 的工作界面

1．工作区

在工作区上不仅可以绘制矢量图，还可以直接处理位图。工作区上有四个选项卡，默认是"原始"选项窗，也就是工作区，只有在此窗口中才能编辑图像文件。而在"浏览"选项窗中则可以模拟浏览器预览制作好的图像。"2 幅"和"4 幅"选项卡则分别是在二个和四个窗口中显示图像的制作内容。

2．工具箱

Fireworks 中的工具箱种类齐全，使用这些工具用户可以在单个的文件中创建和编辑矢量和位图图形。

3．属性框

当选择对象或选择工具时，其相关信息都会在属性框中显示出来。同时也可以通过修改属性框中的数据或内容来调整图像的相关属性。例如，图像的大小、位置及颜色等。

4．组合面板

Fireworks CS3 的组合面板共有 14 个，分别为：信息、层、混色器、颜色样本、样式、URL、库、形状、帧、历史记录、行为、查找、优化和对齐。每个面板既可以相互独立排列又可与其他面板组合成一个新面板，但各面板的功能依然相互独立。单击面板上的名称可以展开或折叠面板。

7.2.3　打开和导入文件

1．打开文件

打开文件用于重新加载一幅新的图像编辑。选择"文件"|"打开"命令或单击工具栏上的对应按钮即可启动"打开"对话框，如图 7-5 所示。

图 7-5　打开文件

选中要打开的图像文件后在右边的预览框内会显示该文件的预览图。选中"打开为'未命名'"复选框是把选中的文件作为未命名的文件打开。选中"以动画打开"复选框是把选中的文件作为动画打开。Fireworks 还支持一次性同时打开多个文件,也可直接打开或导入 Photoshop 制作的 PSD格式文件进行编辑。

2．导入文件

导入文件是将图像文件插入到目前正在编辑的文档中,而不是重新加载一幅图像。选择"文件"|"导入"命令启动"导入"对话框,如图 7-6 所示。

图 7-6　导入文件

在 Fireworks 中,用户可以很容易地导入其他图形程序中创建的矢量和位图图像。如果是从 Dreamweaver 中导入文件时,Fireworks 会保留许多 JavaScript 行为。如果 Fireworks 支持某个行为,它将识别出该行为,并在用户将文件移回至 Dreamweaver 时保留该行为。

7.2.4　修改画布

Fireworks 中的画布相当于图像的背景,在绘图的过程中为了使画布的大小及颜色能够和前景的图像保持协调,用户经常要修改画布的相关属性。方法是用鼠标单击画布或在画布的工作区中单击,从而在属性栏中调出画布的"属性"面板,如图 7-7 所示。

图 7-7　画布"属性"面板

在"属性"面板中，单击画布颜色选择框，就可以重新选择新的画布颜色，如图 7-8 所示。

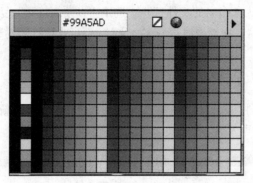

图 7-8 设置画布颜色

单击"画布大小"按钮，将弹出"画布大小"对话框，如图 7-9 所示。在"新尺寸"选项区域内可以输入新的宽、高像素。在"锚定"右边是画布的固定点，当画布的大小被改变时会以选中的固定点不变来更改画布的大小。

对于图像区域大小的改变，也可以通过画布的"属性"面板中的"图像大小"进行修改，如图 7-10 所示。在"像素尺寸"选项区域内可以设置工作区的宽、高。选中"约束比例"复选框后，当宽度或高度中某一数值被改变后，另一个数值也会等比例地随之改变。如果取消此项选择，即可单独改变宽度或高度的数值了。

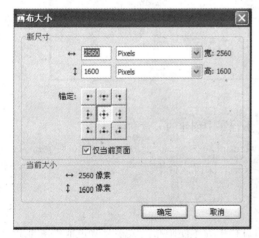

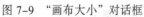

图 7-9 "画布大小"对话框

图 7-10 "图像大小"对话框

在画布"属性"面板中有一个"符合画布"按钮，单击该按钮可以使画布大小与图像所占用的位置大小一致。

7.3 图像的优化

网页图像设计的最终目标是创建下载速度尽可能快的精美图像。因此，必须在最大限度保持图像品质的同时，选择压缩质量最高的文件格式，这种平衡就是优化，即寻找颜色、压缩和品质的最佳组合。在 Fireworks 中，使用"优化"面板可以轻松地对图像进行优化。

【例 7-1】对 JPEG 图像进行优化。

（1）设计目标

通过对图像"椰梦长廊"进行不同设置的优化，达到不同要求下图像大小和品质的最佳组合，实现网页中图片的优化处理。

（2）准备素材

素材为一幅"椰梦长廊"图像（数码照相机拍摄），格式为 JPG 文件，尺寸为 3 264 × 2 448 像素，图像原始大小为 2.06MB。

（3）制作步骤

① 打开图像文件。选择"文件"|"打开"命令，打开需要进行优化的图像文件，如图 7-11 所示。

图 7-11　原始图像的文档窗口

② 打开"优化"面板。选择"窗口"|"优化"命令，打开"优化"面板。其中的选项随打开的文件类型不同而有所不同，如图 7-12 所示为对 JPG 文件优化的选项，图 7-13 是对 GIF 文件的优化选项。

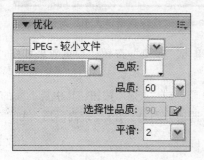

图 7-12　JPG 文件的"优化"面板

图 7-13　GIF 文件的"优化"面板

③ 进行优化设置：

- 常用优化设置。用户可以从"优化"面板的常用优化设置中选择，以快速设置文件格式并应用一些格式特定的设置。优化设置的各个参数含义如下：

　◆ GIF 网页 216：强制所有颜色为网页安全色。

　◆ GIF 接近网页 256 色：将非网页安全色转换为与其最接近的网页安全色，调色板最多包含 256 种安全色。

　◆ GIF 接近网页 128 色：将非网页安全色转换为与其最接近的网页安全色，调色板最多包含 128 种颜色。

　◆ GIF 最合适 256：是一个只包含图形中实际使用颜色的调色板。

　◆ JPEG 较高品质：将品质设置为 80、平滑度设置为 0，图形品质较高，但占用空间较大。

　◆ JPEG 较小文件：将品质设置为 60、平滑度设置为 2，生成的图形大小不到"较高品质 JPEG"的一半，但品质有所下降。

　◆ 动画 GIF 接近网页 128：将文件格式设为 GIF 动画，并将非网页安全色转换为与其最接近的网页安全色。

　根据以上参数的特点，用户可以选择不同的选项，观察预览图像效果的区别。例如，选择 "JPEG-较小文件"选项，如图 7-14 所示。

- 自定义优化设置。在"优化"面板上单击右上角图标，弹出"优化"菜单，利用该菜单可以让用户自己定义图像优化后的大小。在级联菜单中选择"优化到指定大小"选项，打开 "优化到指定大小"对话框，在对话框中输入所需要的文件最大值，例如 100KB，如图 7-15 所示。单击"确定"按钮，Fireworks 将自动对图像进行优化，达到小于设定值的最佳效果。

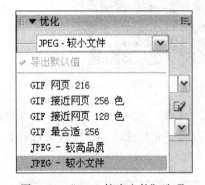

图 7-14　"JPEG 较小文件"选项

图 7-15　"优化到指定大小"对话框

④ 预览优化效果。按照自定义优化设置优化后，单击"预览"按钮，预览效果如图 7-16 所示。

　如果想同时观察几种优化方案的效果，可以单击"2 幅"或"4 幅"按钮，其中最下面的两幅图像是通过 Fireworks 本身的常用优化设置选项设置的，选项分别是"JPEG 较高品质"和"JPEG 较小文件"。

图 7-16　优化后的图像预览

7.4　图像的切片与导出

当页面中图像较大时在浏览器中下载会耗费很长时间。为避免这种情况，可以将较大的图像分割为多幅较小的图像，然后分别下载，以获取较高的下载速度。从大图像上分割出的小图像称为切片。在网页中显示图像时，可以利用表格工具将分割好的小块切片图像拼接起来，重新显示为一幅完整图像，以获得满意的效果。

首先，采用手工分割图像的方法制作切片。由于在分割图像时，必须精确保证每个切片之间的紧密衔接，所以同时必须编辑相应的 HTML 代码来对切片进行拼接。Fireworks 采用可视化特性的操作，只需非常简单的几个步骤，就可以制作出专业风格的切片。

图像切片有三个主要优点：

- 优化图像：网页图形设计的挑战之一是在确保图像快速下载的同时保证质量。切片使用户可以使用最适合的文件格式和压缩设置来优化每个独立切片。
- 交互性：用户可以使用切片来创建响应鼠标事件的区域。
- 更新网页的某些部分：切片使用户可以轻松地更新网页中经常更改的部分。

7.4.1　矩形切片

在图片切片的制作中，矩形切片是最常用的切片方式。对较大的图片进行矩形切片，然后再插入到网页中可以有效缩短网页页面的响应时间。

【例 7-2】使用矩形切片示例。

矩形切片的创建步骤如下：

① 选择"文件"|"打开"命令，打开编辑的图像文件。

② 可以用以下的方法创建矩形切片：

a. 在工具箱中单击"选择"工具，选择图像上的一块矩形区域，然后选择"编辑"|"插入"|"切片"命令即可，切片效果如图 7-17 所示。

b. 在工具箱中单击"矩形切片"工具，在图像周围拖动鼠标，就可以绘制出切片。反复执行这个操作可以创建多个矩形切片，如图 7-18 所示。

切片创建后，切片周围显示红色的导线，它确定导出时将文档拆分成的单独图像文件的边界，切片的区域将会覆盖上一层半透明的绿色。切片的中央有一个按钮，单击即可弹出一个对切片各种行为操作的快捷菜单，如图 7-18 所示。

图 7-17　使用"选择"工具切片

图 7-18　使用"矩形切片"工具，单击快捷菜单

7.4.2　多边形切片

某些场合下需要使用到多边形切片。例如，要在非矩形区域内响应鼠标事件"弹出菜单"，就可以使用多边形切片的方式来实现。

【例 7-3】使用多边形切片。

操作步骤如下：

① 选择"多边形切片"工具（见图 7-19）在图像上一次单击多边形的各个定点，即可绘制出一个多边形不规则形状的切片，如图 7-20 所示。

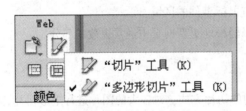

图 7-19　"多边形切片"工具

图 7-20　使用"多边形切片"工具绘制切片

② 切片后的图像，可以将其导出为单独的图像，也可以导出为一个 HTML 文件和一系列图像文件，方便以后加入到具体的网页中。

7.4.3　图像的导出

在 Fireworks 中，图像默认的保存格式是 PNG 文件，该种格式文件保存了图像对象、切片的相关信息，方便以后的编辑。如果需要将图片导出为其他格式，也可进行相应的设置，常用的格式有 GIF、BMP、JPEG、SWF 等。

在此要学习的三种导出形式有：导出一个图像、导出某个区域的图像和导出切片。

1. 导出一个图像

导出一个图像的步骤如下：

① 选择"文件"|"导出"命令，弹出"导出"对话框。

② 在"保存类型"下拉列表框中，可以选择多种导出格式。如果只需要导出图像本身，选择其中的"仅图像"即可导出优化后的图像。如果选择"保存类型"为"HTML 和图像"，则不仅可以导出图像，而且可以导出 HTML 文件。

2. 导出一个区域的图像

Fireworks 可以将图像上的某个区域导出，用户可以根据需要选择图像的某个区域导出为一个独立的图像文件，步骤如下：

① 单击工具箱中的"导出区域"按钮，在图像上画出导出的区域。

② 双击导出区域，弹出"导出预览"对话框，可以在此进一步设置。

③ 设置导出的各种参数后，单击"导出"按钮即可导出图像了。

3. 导出切片

前面已经学习了切片的使用，切片可以将图片分割成多个较小的部分，并将每个部分导出为单独的图片。导出切片的步骤如下：

① 选择"文件"|"导出"命令，弹出"导出"对话框。

② 在"保存类型"中，选择"HTML 和图像"格式，在"HTML"下拉列表框中选择"导出 HTML 文件"，在"切片"下拉列表框中选择"导出切片"选项，如果需要将导出的切片放入某个图像文件夹中便于管理，可以选中"将图片放入子文件夹"复选框，最后单击"保存"按钮即可。

例如图 7-18 中的多个矩形切片，导出后除了导出切片以外，还会导出一个包含表格代码的 HTML 文件，以便在浏览器中重新装配图形。可以把生成的 HTML 代码加入到想插入切片的网页的 HTML 代码中，实现将图片插入到网页适当位置的效果。

7.5　制作静态图像

与 Photoshop 类似，Fireworks 可以制作出丰富多彩的平面图像。在此以卡通表情为例，讲解使用 Fireworks 制图。

对于经常上网聊天的读者，表情图标一定不陌生，为了增强聊天的趣味性，减少打字量，系统有大量的表情短语，运用得恰当，可以收到表达心意、夸张、幽默的效果，如图 7-21 所示。

要准确地表现出表情的含义，需要多多的观察。对于使用技术来实现则是一个比较简单的过程。主要是使用了 Fireworks 的矢量工具结合渐变色来实现的。

【例 7-4】制作卡通表情图像，效果如图 7-21 所示。

操作步骤如下：

① 新建一个 Fireworks 文件。

② 在弹出的"新建文档"对话框中设置画布的宽度和高度为 400 像素，背景颜色为白色，如图 7-22 所示。

图 7-21　卡通表情图标效果

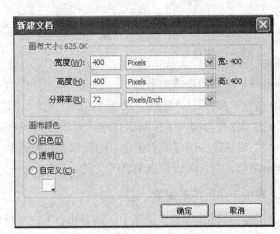

图 7-22　"新建文档"对话框

③ 选择工具箱中的"椭圆"工具，在画布中绘制一个宽度及高度为 200 像素的正圆。

④ 给这个正圆添加边框，粗细为 5 像素，颜色值为 D44C01。

⑤ 给这个正圆填充放射状渐变色。效果如图 7-23 所示。

⑥ 单击填充控制窗口，打开渐变色调节面板，调整渐变颜色，效果如图 7-24 所示。

图 7-23　给正圆添加边框，填充放射状渐变色

图 7-24　渐变色调整面板

⑦ 选择工具箱中的"指针"工具，调整画布中的渐变色方向和范围，效果如图 7-25 所示。

说明：这样做的目的是为了让卡通人物的脸部更有立体感。

⑧ 开始绘制卡通表情的眼睛部分，仍旧使用"椭圆"工具在脸部的上方绘制一个小一些的正圆，尺寸为 60×60 像素。

⑨ 给这个小圆填充接近于黑色的深灰色，边框和脸部的边框颜色一致，但是边框的粗细为 2像素。效果如图 7-26 所示。

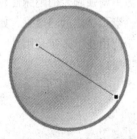

图 7-25　渐变色调整后

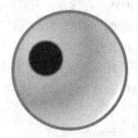

图 7-26　绘制眼睛部分

⑩ 复制此正圆一个，选择两个正圆下方的一个，把颜色更改为白色，去掉边框颜色。此时图层效果如图 7-27 所示。

图 7-27　复制正圆，并更改下方正圆的颜色设置

⑪ 同时在"属性"面板中将白色正圆的填充边缘效果设置为"羽化"，值为 3。并且适当向右下方移动，这样可以使眼睛看起来更有立体感。效果如图 7-28 所示。

⑫ 再次将此黑色的眼睛复制，同样选择两个正圆下方的一个，把颜色更改为白色，去掉边框颜色。此时，图层效果如图 7-29 所示。

⑬ 在"属性"面板中设置刚刚得到的白色正圆的填充边缘效果，仍旧为"羽化"，值为 10。并且适当向左上方移动，这样可以使眼睛的立体效果更加明显，如图 7-30 所示。

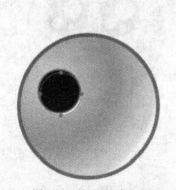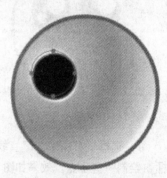

图 7-28　调整白色正圆　　　图 7-29　更改下方正圆的颜色设置　　　图 7-30　调整白色正圆

⑭ 在黑色的眼睛上绘制大小不同的三个正圆，表示眼睛的眼白。效果如图 7-31 所示。

⑮ 把眼睛部分的所有矢量图形组合起来（快捷键【Ctrl+G】），复制后放置到脸的右边。

⑯ 调整左右两边的眼睛位置。效果如图 7-32 所示。

注意：右边的眼睛阴影和高光的效果应该和左边的眼睛是相反的，所以需要翻转一下，但是眼白是不需要翻转的。

⑰ 选择右边的眼睛，取消组合（快捷键【Ctrl+Shift+G】）。单独选择黑色正圆下方的两个白色正圆，选择"修改"|"变形"|"水平翻转"命令，改变这两个白色正圆的左右方向。效果如图 7-33 所示。

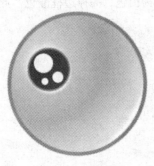

图 7-31　画眼白

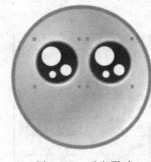

图 7-32　对齐眼睛

图 7-33　翻转高光

⑱ 接下来开始制作两个小手。选择工具箱中的"椭圆"工具，绘制一个 60×60 的正圆。

⑲ 给这个正圆填充渐变色，这个渐变色和整个脸部的渐变色是一样的，可以参考图 7-24。

⑳ 使用工具箱中的"指针"工具调整渐变色的方向，起始点在右下角，结束点在左上角。效果如图 7-34 所示。

㉑ 复制得到的手一个，调整好位置，两个手就都制作出来了。效果如图 7-35 所示。

㉒ 开始制作脸上的红晕，选择工具箱中的"椭圆"工具，绘制一个椭圆，具体尺寸可以自己决定，不要太大，填充颜色为 FF0099，边缘的"羽化"值为 10 像素。效果如图 7-36 所示。

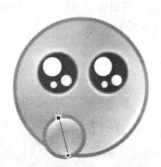

图 7-34　绘制小手渐变色

图 7-35　复制小手

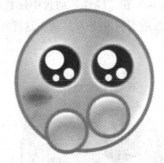

图 7-36　绘制红晕

㉓ 选择工具箱中的"直线"工具，设置笔触的颜色为白色，然后在"红晕"上依次单击鼠标，绘制一些小点。效果如图 7-37 所示。

㉔ 把红晕部分的所有矢量图形组合起来（或按【Ctrl+G】组合键），复制后放置到脸的右边，调整好位置。效果如图 7-38 所示。

㉕ 最后来绘制头发，选择工具箱中的"钢笔"工具，在任意位置单击鼠标，创建第一个路径点。

㉖ 然后适当移动，在第二点的位置单击并且按住鼠标进行拖动。创建第二个路径点。效果如图 7-39 所示。

㉗ 把鼠标指针移动到第一个路径点上，这时钢笔光标的右下角会显示一个空心的小圆，表示闭合路径。单击鼠标，闭合这个路径。效果如图 7-40 所示。

㉘ 为得到的形状填充和脸部边框一样的颜色，边框为透明。

㉙ 选择工具箱中的自由变形工具，首先拖动路径点，调整为如图 7-41 所示效果。

㉚ 按住【Alt】键，使用"部分选定"工具，拖动当前形状左下角路径点两端的控制手柄，调整路径的形状。最终效果如图 7-42 所示。

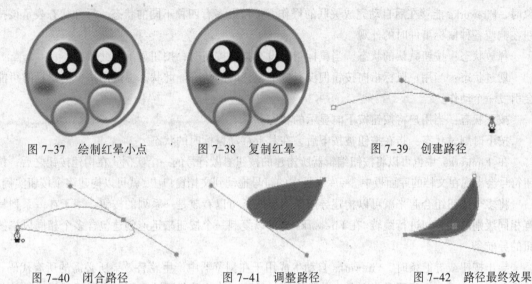

图 7-37　绘制红晕小点　　　图 7-38　复制红晕　　　图 7-39　创建路径

图 7-40　闭合路径　　　　　　图 7-41　调整路径　　　　　图 7-42　路径最终效果

㉛ 选择"修改"|"排列"|"移到最后"命令（或按【Ctrl++Shift+Down】组合键），把得到的头发移到脸部的下方，然后对齐位置。

㉜ 把刚刚得到的头发复制，选择"修改"|"变形"|"数值变形"命令（或按【Ctrl++Shift+T】组合键），缩小到原来的 60%，调整好位置，最终效果完成，如图 7-21 所示。

操作技巧总结：

● 在渐变色调整面板中，不需要的颜色控制点可以直接从面板中向下拖动删除。

● 改变渐变色的方向和范围时一定要选择"指针"工具。

● 使用"钢笔"工具创建大致形状，然后可以通过"部分选定"工具来进行调整。可以改变路径点的位置，也可以改变路径点两端的控制手柄。

● 当需要单独改变路径点一端的控制手柄时，可以按住【Alt】键。

7.6　制作动态按钮与下拉菜单

按钮是网页中常见的元素。单击按钮可以实现某种行为或进行某种操作。例如，单击一个按钮可以进入一个网站或跳转到另一个页面上。

利用按钮在页面中实现导航，是按钮最常见的用途。

最简单的按钮就是一幅图片（当然，为了美观，可能会将图片做成矩形的形状，然后用诸如内斜角等特效来形成立体效果，再在上面显示文字）。但是单击这种图片按钮时，按钮图片本身不会发生任何变化，所以用户无法了解按钮是否被按下或者要确定单击的操作是否生效。当一个网页中图片很多时，用户难以判断哪幅图片是按钮，哪幅带有链接。

为了便于区分，网页中使用多个图片来表示按钮的不同状态。例如，用一幅图片表示按钮正常时的弹起状态，另一幅图片表示鼠标移入按钮区域的状态，第三幅图片表示按钮按下时的状态。在添加了 JavaScript 代码后会实现按钮图片的这种动态交替。

通常，使按钮能够根据鼠标和动作变化而改变状态的特性称做"轮替"。

使用 Fireworks 中的"按钮编辑器"，可以快速完成按钮的创建。在创建了不同状态的图形对象时，Fireworks 能够在后自动完成关联的操作。按钮最多有四种不同的状态。每种状态表示该按钮在响应各种鼠标事件时的外观。

释放状态：按钮默认的状态，当鼠标指针没有指向按钮时，按钮显示为此状态。

划过状态：当用户鼠标指向按钮但没有按下鼠标时的状态。此状态提醒用户单击鼠标时可能会引发一个动作。

按下状态：当用户将按钮按下时显示的状态。

按下时划过状态：指在按钮被按下后，在其上移动鼠标时的状态。

在 Fireworks 中也可以将按钮编辑器所构建的按钮看做符号的一个实例。在构建按钮之后，按钮符号会出现在文档的库面板中，将库面板中的符号拖动到文档窗口中，就可以构建多个按钮实例。

将多个按钮组合起来就可以构建导航条。导航条可以看成是一系列的按钮，用于在一系列具有相同级别的网页间进行跳转。在 Fireworks 中可以复制一个按钮来迅速创建包含多个相同风格按钮的导航条。

导出按钮或导航条时，Fireworks 自动生成用于在浏览器中产生轮替效果所必需的所有代码，其中包括 JavaScript 代码和指向各个状态图片的链接。将这些代码放入网页中需要按钮或导航条的地方，不需要进行任何修改即可在网页中实现对轮替效果的支持。

7.6.1　创建并导出按钮

使用 Fireworks 的网页按钮制作向导，可以轻松制作出漂亮的网页动态按钮。下面以实例说明具体的制作步骤。

【例 7-5】动态按钮的制作。

操作步骤如下：

① 启动 Fireworks CS3，单击工具栏的"新建文档"按钮，弹出新文档对话框。单击该对话框中的"确定"按钮，打开一个新文档页面，如图 7-43 所示。

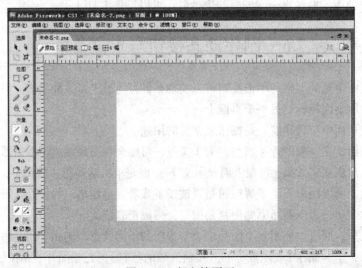

图 7-43　新文档页面

② 选择"编辑" | "插入" | "新建按钮"命令，启动按钮制作向导，弹出按钮编辑器窗口，如图 7-44 所示。

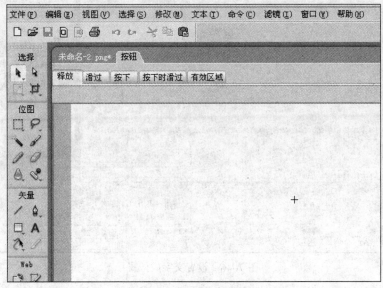

图 7-44　按钮编辑器窗口

③ 在工具箱中选择"矩形"工具，在按钮编辑器窗口中拖动鼠标，画一个适当大小的矩形。

④ 从右侧"资源"面板的"样式"选项卡中选择想要的填充特效（这个面板中有系统已经定义好的一些样式，如果这些样式都不是想要的效果，当然可以使用选择工具选中按钮，然后在下方的"属性面板"自定义设置），制作漂亮的按钮图像，如图 7-45 所示。

图 7-45　填充按钮样式

⑤ 输入按钮文本：选择"矢量工具箱"中的"文本"工具，单击矩形中心，即可在蓝色方框内输入按钮上想要显示的文字，同样可选中文字并使用右侧的"样式"来控制文字的显示效果，也可以使用下侧的"属性"面板来控制文字的显示效果，如图 7-46 所示。

图 7-46　设置文字的样式

⑥ 完成步骤⑤操作并适当调整文字的大小位置，得到按钮的"释放状态"，如图 7-47 所示。

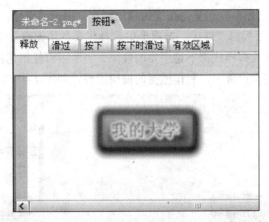

图 7-47　按钮的释放状态

⑦ 选择图 7-47 中的"滑过"选项卡，设计按钮的"滑过状态"。此时会发现按钮编辑器窗口的右下角增加了一个"复制弹起的图形"按钮。单击该按钮，将"释放状态"的图像复制过来。此时，按钮的"滑过状态"和"释放状态"相同。要使"滑过状态"有别于"释放状态"，可以按照上述第④步的方法，改变按钮的填充特效。

⑧ 设计按钮的"按下状态"：按钮的"按下状态"是指在制作完成的网页中按下按钮时显示的状态。选择"按下"选项卡，按照上述第 7 步的方法，可以设计出与前两种状态不同的"按下状态"。同样，也可根据需要设置按钮的"按下时滑过状态"。

⑨ 为按钮建立链接：选择"有效区域"选项卡，此时可以看到按钮切片。根据需要可以通过调整按钮切片"活动区域"的大小，来设置按钮对于鼠标事件的响应范围。如果确定按钮编辑没有问题，可以单击右下角的"完成"按钮，如图 7-48 所示。之后，进入图 7-49 的

状态。可以在下侧的"属性"面板中的"链接"输入此按钮被单击后将要跳转到的网页地址。
（如输入 http://www.hit.edu.cn）在"目标"处，也可进行相应的设置来控制目标网页的弹出形式。

图 7-48　完成按钮编辑

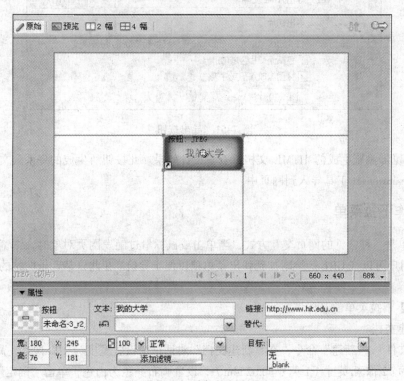

图 7-49　编辑按钮属性

　　⑩ 预览动态按钮的效果：单击文档窗口的右上角 Fireworks 图标，可以在浏览器里浏览按钮
的效果，如图 7-50 所示。

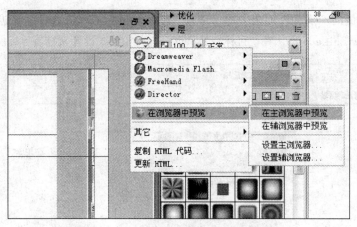

图 7-50　预览按钮效果

⑪ 输出 HTML 文档：选择"文件"|"导出"命令，弹出"导出"对话框，在文件名处为生成的 HTML 文件命名（不要用中文），然后单击"导出"按钮即可，如图 7-51 所示。

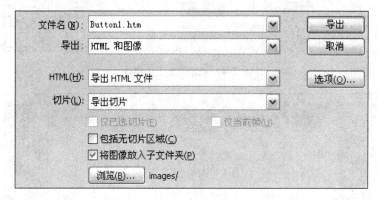

图 7-51　导出按钮

⑫ 用浏览器浏览生成的 HTML 文档，查看设计效果。此按钮所生成的一系列文件根据需要可以使用 Dreamweaver 工具导入到网页中。

7.6.2　制作下拉菜单

下拉菜单是一种常见的网页交互方式，当单击或鼠标滑过触发网页对象时，浏览器中将显示弹出菜单。用户可以将 URL 链接附加到弹出菜单项以便于导航。在此以某音乐网站的下拉菜单的制作为例讲解。

【例 7-6】下拉菜单的制作。

（1）新建文档

选择"文件"|"新建"命令，在"新建文档"对话框中设置宽度为 100 像素，高度为 30 像素，分辨率为 72 像素/英寸（1 英寸=0.0254m），设置画布颜色为白色，单击"确定"按钮。

（2）创建下拉菜单的菜单栏标题

用"矩形"工具制作一个矩形，然后用"文字"工具创建标题文字"音乐世界"，如图 7-52 所示。

（3）为标题文字制作切片

选中标题文字，单击鼠标右键，在弹出的快捷菜单中选择"插入切片"命令，为文字创建切片，如图 7-53 所示。

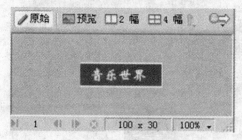

图 7-52　创建菜单标题

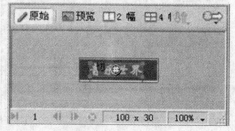

图 7-53　创建文字切片

（4）制作下拉菜单

选中创建的切片，单击鼠标右键，在弹出的快捷菜单中选择"添加弹出菜单"命令，如图 7-54 所示，弹出"弹出菜单编辑器"对话框，如图 7-55 所示。

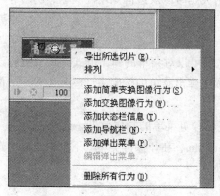

图 7-54　添加弹出菜单

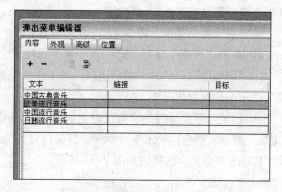

图 7-55　弹出菜单编辑器

① 在"内容"选项卡中，添加"单击菜单项"按钮（+）或"删除菜单项按钮（-），可在文本栏中加入或删除一个菜单项。

② 在文本栏里输入弹出菜单的各项名称，如"中国古典音乐"。

③ 在链接栏中输入菜单项所要链接的地址，如 chinesepop.htm。

④ 在目标栏中选择链接对象在浏览器中的打开方式。

⑤ 如果要把文本栏中某个菜单项再设置为另一个菜单的下一级目录时，只需单击"下级菜单"按钮（减号右侧的蓝色按钮）即可。例如，为"中国流行音乐"菜单制作下级子菜单，选项包括"大陆歌手"和"港台歌手"，如图 7-56 所示。

⑥ 单击"继续"按钮，进入"外观"选项卡，在这里可以对菜单的外观进行改进，例如"单元格"采用"图像"风格，其他如字体风格、弹起状态和滑过状态用户可以自己根据爱好设置，效果如图 7-57 所示。

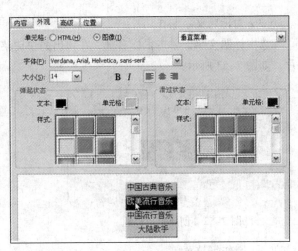

图 7-56　制作下级子菜单　　　　　　　　图 7-57　设定菜单外观

⑦ 单击"继续"按钮，进入"高级"选项卡。"高级"选项卡提供了用于控制以下各项的附加设置：单元格大小、边距和间距、文字缩进、菜单消失延时以及边框宽度、颜色、阴影等。可根据实际需要进行相应的设置。

若要查看弹出菜单，需按【F12】键在浏览器中预览。

⑧ 单击"继续"按钮，进入"位置"选项卡，在这里可以对菜单的弹出方式及位置进行设定。当"网页层"可见时，用户还可以在工作区中拖动顶级弹出菜单的轮廓来调整其位置，"位置"选项卡的设置如图 7-58 所示。

⑨ 预览与导出。与制作按钮时类似，可以使用浏览器预览菜单的制作效果。选择"文件"|"导出"命令，弹出"导出"对话框，将文件命名为 menu1.htm，在"保存类型"下拉列表框中选择"HTML 和图像"选项，如图 7-59 所示。

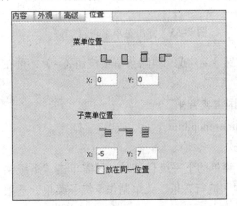

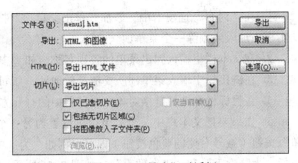

图 7-58　设定菜单位置　　　　　　　　图 7-59　"导出"对话框

7.7　制作简单动画

在 Fireworks 中，主要使用"帧"面板和"层"面板制作动画。简单动画的原理就是不停的切换"帧"，利用人眼睛的"视觉暂留"原理而使画面动起来。下面以一个表情的改制为例，说明制作动画的过程和相关技术。

【例 7-7】卡通表情动画制作。

操作步骤如下：

① 首先打开一个静态表情图片，在右侧的"帧"面板可以看到当前帧，如图 7-60 所示。

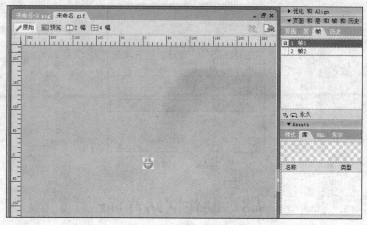

图 7-60 打开静态图片

② 为方便对此表情图片的使用，将其转换为"元件"。右击图片，在弹出的快捷菜单中选择"转换为元件"命令，设置元件类型为图片，单击"确定"按钮，如图 7-61 所示。此时，可以在"资源面板"中的"库"选项卡中看到已经成功转换好的"元件"，如图 7-62 所示。

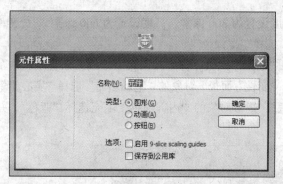

图 7-61 将图片转换为元件

图 7-62 转化好的元件

③ 添加三个空白帧，单击图 7-63 中右下角的"+"号按钮即可添加空白帧。然后分别在三个空白帧里面拖入刚添加好的元件，并调整到合适的位置（考虑到图片较小，可先用鼠标选中，然后用向上的方向键微调位置）。如想实现让此表情上下颤抖大笑并左右晃动，可将四个帧分别调整成图 7-64 的状态。

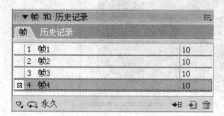

图 7-63 添加其他帧

图 7-64 四个帧各自的状态

④ 导出 GIF 动画。选择"文件"|"图像预览"命令，进入图 7-65 所示的选项卡状态，在此可以设置每个帧在动画播放过程中保持的时间，默认是 0.1s。可以根据动画效果的需要调整成合适的时间。然后切换回"选项"选项卡，即可方便的导出制作好的动画。

图 7-65 图像预览

7.8 制作网站首页

在前面几节的学习中，学习了 Adobe Fireworks CS3 的基本操作，本节以某公司网站首页为例，介绍 Fireworks CS3 的综合应用。

【例 7-8】公司首页设计。

操作步骤如下：

① 打开 Fireworks，新建一个画布。宽度设置为 800 像素，高度设置为 600 像素，"分辨率"选择"72 像素/英寸"，画布的"背景颜色"选择"草绿色"。

② 选择矢量工具中的"直线"工具和"矩形"工具，分别在画布上绘制几条直线和两个矩形对象，将画布进行整体布局和规划。选择"属性"面板，对象的"笔触填充"选择"实心铅笔"，"宽度"选择"1 像素"，"颜色"选择"蓝色"，矩形对象的"内部颜色"填充选择"蓝色"，并设置合适的"纹理"，效果如图 7-66 所示。

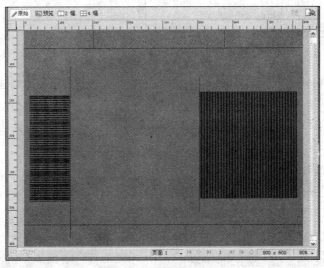

图 7-66 基本页面布局

③ 选择"钢笔"工具，在左边矩形对象中添加四个白色箭头，选择"属性"面板，箭头对象的笔触填充选择"无"，内部颜色填充选择"白色"，边缘效果选择"羽化"，羽化值选择"4"。按【Ctrl+C】和【Ctrl +V】组合键，复制两个箭头对象，进行排列，如图 7-67 所示。

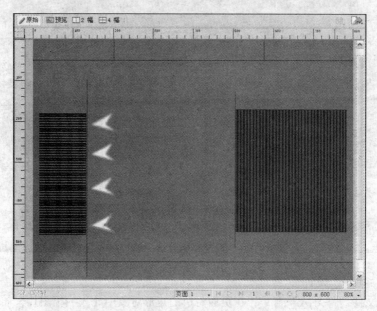

图 7-67　添加四个羽化白色箭头

④ 继续复制两个箭头对象，将其放置在右边矩形对象的下方和标题栏的上方。（左上角那个箭头的方向可以通过"鼠标右键"的"变形"|"旋转 180°"调整。）整体效果如图 7-68 所示。

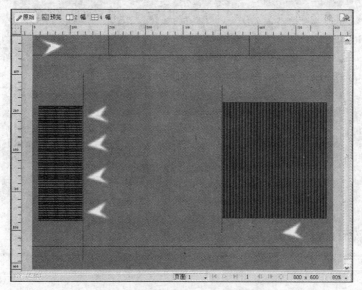

图 7-68　添加全部箭头后的整体效果

⑤ 选择"文本"工具，选择"属性"面板，选择字体为"黑体"，大小设置为 28，字体颜色选择"白色"，边缘填充效果选择"平滑消除锯齿"，在左边矩形对象的箭头左边输入文本对象"公司新闻"，"公司机构"，"社会服务"和"交流平台"，效果如图 7-69 所示。

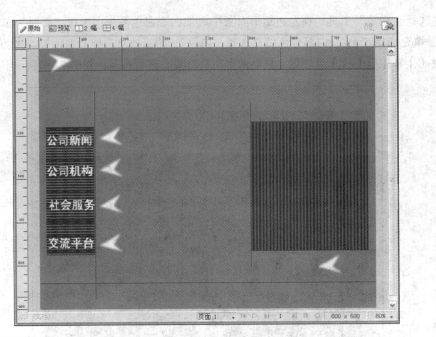

图 7-69 添加左侧导航

⑥ 选择"文件"｜"导入"命令，在页面右边的矩形对象中导入一幅图片，如图 7-70 所示。

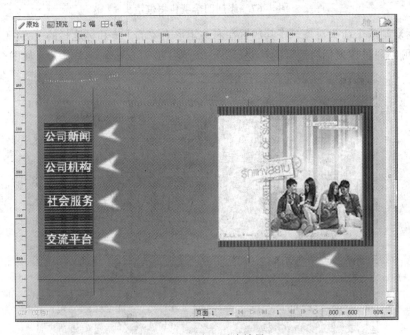

图 7-70 导入图片效果

⑦ 选择"文本"工具，选择"属性"面板，选择字体为 Arial，大小为 26，字体颜色设置为"橘黄色"，边缘填充选择"平滑消除锯齿"，在右边箭头右方输入文本对象 VIEW，效果如图 7-71 所示。

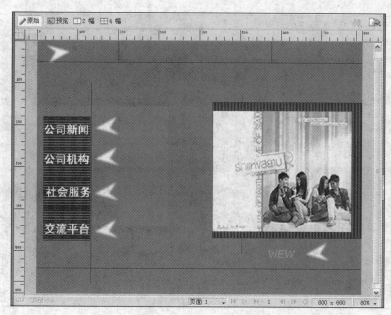

图 7-71　加入 VIEW 对象

　⑧　选择矢量工具中的"椭圆"工具，按住【Shift】键绘制两个圆形对象，其中较大的圆形对象只保留边框，选择属性面板，边缘填充方式选择"铅笔"，宽度选择"1 像素"，颜色选择"蓝色"，纹理的透明度选择"0%"；较小的圆形对象边缘填充选择"实心铅笔"，宽度选择"1 像素"，填充颜色选择"橘黄色"，"内部填充颜色"选择"实心橘黄色"，边缘选择"消除锯齿"，如图 7-72 所示。

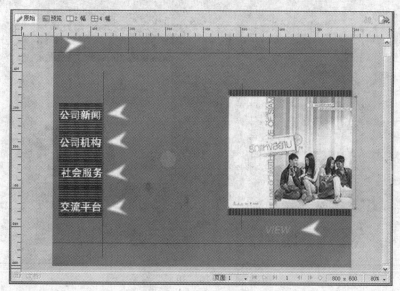

图 7-72　绘制"中心圆点"

　⑨　选择"直线"工具，选择"属性"面板，笔触填充选"钢笔"，宽度选择"1 像素"，笔触颜色选择"白色"，宽度选择"1 像素"，在新绘制的圆形对象周围绘制直线对象，如图 7-73 所示。

图 7-73　添加"直线"对象

⑩ 选择矢量工具中的"圆角矩形"工具，选择"属性"面板，笔触效果选择"实心铅笔"，笔触颜色选择"白色"，宽度选择"1 像素"，纹理不透明度选择"0%"，内部颜色填充选择"实心灰色"，边缘效果选择"消除锯齿"，纹理透明度选择"0%"，效果如图 7-74 所示。

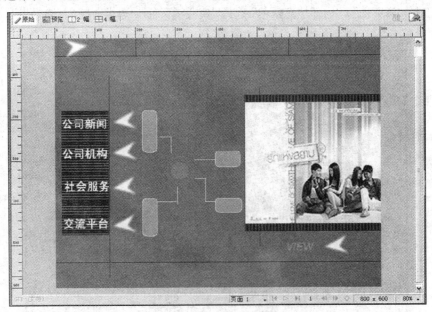

图 7-74　添加"矩形"对象

⑪ 选中新绘制的矩形对象，选择"属性"面板，选择"滤镜"|"阴影和光晕"|"内侧发光"命令，打开发光编辑框，发光颜色选择"黑色"，发光强度选择"6"，发光不透明度选择"65%"，柔和度选择"4"，发光偏移选择"0"，效果如图 7-75 所示。

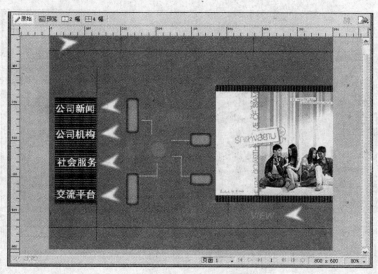

图 7-75 添加发光效果

⑫ 选择"文本"工具，选择"属性"面板，字体选择 Arial Narrow，字体大小选择"25"并加粗，字体颜色选择"橘黄色"，边缘选择"平滑消除锯齿"，在矩形框中分别输入文本对象"娱乐"、"旅行社"、"企业"和"媒体"；切换字体选择 CENA，字体大小选择"35"并加粗，颜色选择"白色"，边缘选择"平滑消除锯齿"，在左上角的箭头处输入文本对象 Email，效果如图 7-76 所示。

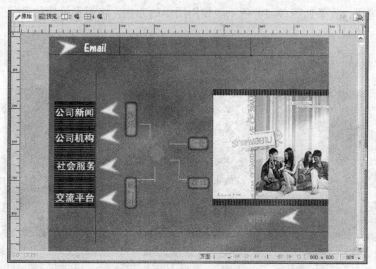

图 7-76 添加文本及 Email

⑬ 分别选择左边矩形框中的文本对象并右击，在弹出的快捷菜单中选择"转化为元件"命令，将文本对象"公司新闻"、"公司机构"、"社会服务"、"交流平台"转化为"按钮"元件保存在库中。选择库中新转化的元件，单击"库"面板右上角的面板菜单，选择"编辑菜单"命令，打开元件编辑器，选择"滑过"选项卡，单击"复制弹起时的图形"按钮，选中复制过来的文本对象，选择"属性"面板，将文本颜色改为"橘黄色"，效果如图 7-77 所示。

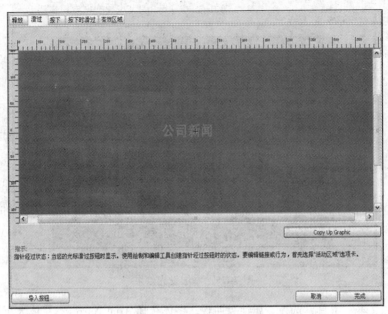

图 7-77 "滑过"选项卡

⑭ 选择"按下"和"按下时滑过"选项卡，单击"复制滑过时的图形"和"复制按下时的图形"按钮，将图形复制到"按下"和"滑过时按下"选项卡中。选择"活动区域"选项卡，Fireworks 自动为对象添加按钮的热区对象，效果如图 7-78 所示。单击"完成"按钮，将文本对象"公司新闻"转化为按钮，效果如图 7-79 所示。使用同样的方法，将矩形框中的其他文本对象转化为按钮对象。

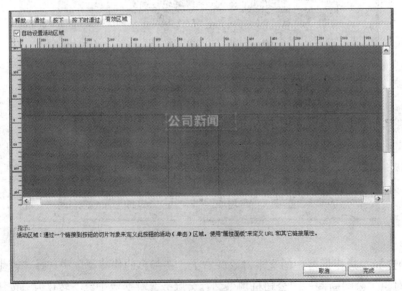

图 7-78 "活动区域"选项卡

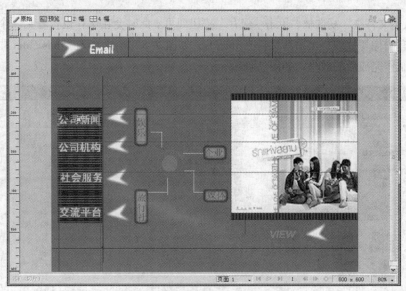

图 7-79 "文本对象"按钮添加效果

⑮ 选中生成的按钮,可以在"属性"面板设置此按钮的"链接"地址以及"目标"(页面弹出形式),如图 7-80 所示。

图 7-80 设定按钮的链接页面

⑯ 借鉴以上方法,发挥想象力与创造力,可以将页面内的其他元素(如 Email)都转化成按钮等元件,并添加适当的行为。

⑰ 将制作好的首页导出。选择"文件" | "导出"命令,弹出如图 7-81 所示的对话框,将文件名命名为 index.htm(因为是首页)。在"导出"下拉列表框中,选择"HTML 和图像",并选中

"将图像放入子文件夹"复选框，单击"保存"按钮即可。此时会在保存位置看到一个 htm 文件及装有首页所有图像切片的一个图片文件夹 images，如图 7-82 所示。双击 index.htm 即可在浏览器中看到首页制作完成后的效果，如图 7-83 所示。

图 7-81 "导出"对话框

图 7-82 "导出"后效果

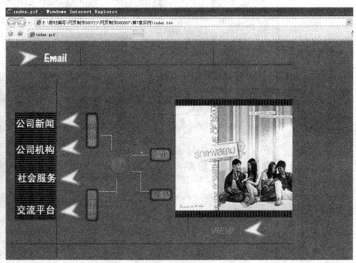

图 7-83 在浏览器中预览首页效果

习　题

1. 使用 Fireworks CS3 分别对 JPEG 图像和 GIF 图像进行优化并导出整个图像。

2. 对一幅图片进行矩形切片和多边形切片，并将切片导出。

3. 制作一个动态按钮，实现如下功能：当鼠标经过时，文本颜色发生改变；当鼠标移动到按钮上时，会出现说明文字；单击按钮，会打开响应的网页。

4. 使用 Fireworks CS3 为你所在的学校网站设计一个首页的菜单，要求有子菜单效果。

5. 参考 7.5 节内容，尝试制作如下表情，如图 7-84 所示。

图 7-84　表情制作练习

6. 参考第 8 节内容，尝试对现有网络上的表情进行再创造。

7. 使用 Fireworks CS3 设计一个游戏网站的首页。

第 **8** 章

Flash 动画制作

Flash 是 Adobe 公司推出的一种优秀的矢量动画编辑软件，它广泛应用于网络中的多种领域，从简单的动画到复杂的交互式 Web 应用程序。用户在友好的创作环境下通过添加图片、声音和视频，就可以制作出精美绚丽的 Flash 动画。

8.1 Flash CS3 简介

Flash CS3 是 Flash 系列软件的新版本，利用该软件制作的动画尺寸要比位图动画文件（如 GIF 动画）尺寸小得多。用户不但可以在动画中加入声音，视频和位图图像，还可以制作交互式的影片或者具有完备功能的网站。通过本章的学习，读者应熟悉 Flash 动画的特点，Flash CS3 的界面组成元素，并通过制作实例了解制作 Flash 动画的一般步骤。

8.1.1 Flash CS3 的安装与启动

要使用 Flash CS3 必须先安装软件，在安装的过程中要先将以前在使用的版本关闭，然后方可根据说明进行安装。

安装完成后启动 Flash CS3，在这个界面中显示了"开始"页，它分为三栏，如图 8-1 所示。

图 8-1　Flash CS3 开始页

1．打开最近的项目

该栏目显示最近操作过的文件，并在下面显示了"打开"按钮然后单击其中的一个文件，即可直接打开该文件。

2．新建

该栏目提供了 Flash CS3 可以创建的文档类型，用户可以单击选择。

3．从模板创建

该栏目提供了创建文档的常用模板，用户可以单击选择其中一种模板类型。

8.1.2　Flash CS3 的工作环境

Flash 文档以.fla 为文件扩展名，它包含开发、设计和测试交互式内容所需的所有信息。Flash 文档并不是在 FlashPlayer 显示的影片。相反，用户需要将.fla 文档发布为 Flash 影片，而后者的文件扩展名为.swf，其中只包含显示影片所需的信息。

使用 Flash 软件可以使对象动起来，可使它们在舞台中显示时能够移动或更改它们的形状、大小、颜色、不透明度、旋转和其他属性。用户可以创建逐帧显示的动画，而在每一帧中可以创建单独的图像；也可以创建补间动画，只需创建动画的第一帧和最后一帧，然后使用 Flash 创建中间的帧。

启动 Flash，并在"开始"页中选择一项进行，即可进入 Flash 的工作环境，如图 8-2 所示。Flash CS3 的工作界面主要由舞台、主工具栏、工具箱、时间轴、"属性"面板和多个控制面板等几部分组成。

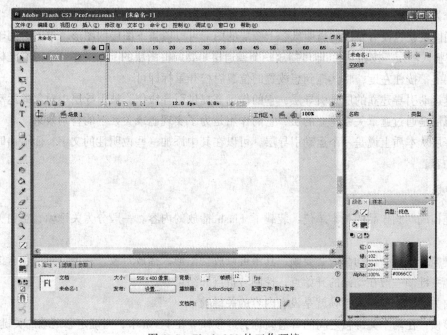

图 8-2　Flash CS3 的工作环境

8.1.3 Flash CS3 的基本概念

在 Flash CS3 中会有很多新的概念，理清概念是正确使用软件的前提和基础，下面从以下几个方面对 Flash CS3 中的特殊概念进行梳理。

1. 动画原理

Flash 动画通常由几个场景组成，而一个场景又由几个图层组成，每个图层又由许多帧组成。一个帧，就有一幅图片，几幅略有变化的图片连续播放，就成了一个简单动画。

2. 时间轴

时间轴用于组织和控制文档内容在一定时间内播放的图层数和帧数。时间轴面板由图层面板、"帧"面板、播放头三部分组成，如图 8-3 所示。

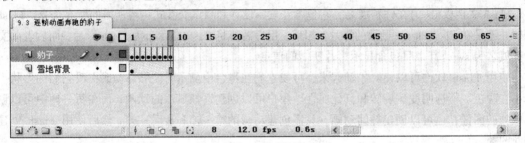

图 8-3 时间轴

3. 图层

图层就像堆叠在一起的多张幻灯胶片一样，每个图层都包含一个显示在舞台中的不同图像。图层可分为普通层、运动引导层、遮罩层和注释说明层。

普通图层就像没有厚度的透明纸，上图层的图形可以覆盖下图层的图形。单击时间轴面板左下方的"插入图层"按钮，即可播放一个普通层。要调整图层的上下关系，只需将光标置于要调整的层上，按住左键，将其拖到想放置的位置后松开鼠标即可。

通过运动引导建立的层是引导层，它的作用是提供引导线作为被引导层中对象的运动轨迹。

遮罩层是通过遮罩关系建立的层，它的作用是为了实现遮罩关系下的特别效果。

注释层从本质上说是一个运动引导层，可以在其中添加一些说明性的文字，而输出时不输出该层的内容。

4. 帧

帧是构成动画作品的基本单位，装载了 Flash 播放的内容。一般分为关键帧、空白关键帧和过渡帧。

关键帧：决定一段动画的必要帧。其中可以放置图形、播放对象，并可以对所包含的内容进行编辑。关键帧一般在动画的开始点、控制转折点和结束点。

空白关键帧：空白关键帧就是没有内容的关键帧。

过渡帧：在两个关键帧之间的普通帧称为过渡帧。在 Flash 中，当确定了两端的关键帧之后，利用命令可以自动计算添加过渡帧，无须人工添加。

5. 场景

场景是指在当前动画编辑窗口中，编辑动画内容的整个区域。

动画是在场景中制作完成的，而场景又包括舞台和工作区。例如，在摄影棚中拍电影，摄影棚就可以理解为场景，而镜头对准的地方就是舞台。舞台中显示的动画效果才是最终的效果，舞台以外的区域是工作区，工作区中的对象在最终的影片中是不能显示的，但是工作区也是必不可少的，因为它可以使运动更加流畅，画面的边缘不会消失地那么唐突。

在 Flash 中，初始状态的场景只有一个，默认名称为"场景 1"，通常称它为主场景。选择"插入"|"场景"命令，即可插入一个新场景。

6. 舞台

舞台就是创作影片中各个帧的区域。舞台在回放过程中显示图形、视频、按钮等内容的位置。可通过以下三种方法实现对舞台大小的缩放：

方法一：用"放大"工具可以直接对图片进行缩放。

方法二：要用指定的比例放大或缩小舞台，可选择"视图"|"缩放比率"|"符合窗口大小"菜单。

方法三：要用指定的比例放大或缩小舞台，可选择"视图"|"缩放比率"命令，并从弹出的子菜单中选择合适的缩放百分比。

8.2　Flash 绘图基础

在计算机绘图领域中，根据成图原理和绘制方法的不同，分为矢量图和位图两种类型。

矢量图形是由一个个单独的点构成的，每一个点都有其各自的属性，如位置、颜色等。因此，矢量图与分辨率无关，对矢量图进行缩放时，图形对象仍保持原有的清晰度和光滑度，不会发生任何偏差，如图 8-4 所示是放大了 400 倍的矢量图效果。

位图图像是由像素点构成的，像素点的多少将决定位图图像的显示质量和文件大小，位图图像的分辨率越高，其显示越清晰，文件所占的空间也就越大。因此，位图图像的清晰度与分辨率有关。对位图图像进行放大时，放大的只是像素点，位图图像的四周会出现锯齿状。如图 8-5 所示为放大了 400 倍的位图效果。

图 8-4　矢量图实例　　　　　　图 8-5　像素图实例

在 Flash 动画制作过程中，会大量地运用到矢量图形。虽然有一系列的功能强大的专门矢量图制作软件，如 Corel 公司的 CorelDRAW 软件、Macromedia 公司的 FreeHand 软件和 Adobe 公司的 Illustrator 软件等，而运用 Flash 自身的矢量绘图功能将会更方便、更快捷。在这一章里，将通过对 Flash 基本绘图工具的学习，绘制出一些简单的矢量图。另外，Flash 也具备一定的位图处理能力，虽然比不上专业的位图处理软件，但是制作动画过程中对位图的一些简单处理，它还是能够胜任的。

8.2.1　绘制和处理线条

"线条工具"是 Flash 中最简单的工具。现在就来画一条直线。单击"线条工具" ，移动鼠标指针到舞台上，在希望直线开始的地方按住鼠标拖动，到结束点松开鼠标，一条直线就画好了。

"线条工具"能画出许多风格各异的线条来。打开"属性"面板，在其中，用户可以定义直线的颜色、粗细和样式，如图 8-6 所示。

图 8-6　"直线工具"属性设置

在图 8-6 所示的"属性"面板中，单击其中的"笔触颜色"按钮 ，会弹出一个调色板对话框，同时光标变成滴管状。用滴管直接拾取颜色或者在文本框里直接输入颜色的十六进制数值。颜色以#开头，如#88FF33，如图 8-7 所示。

现在来画出各种不同的直线。单击"属性"面板中的"自定义"按钮，会弹出"笔触样式"对话框，如图 8-8 所示。

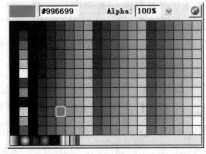

图 8-7　颜色设置

图 8-8　"笔触样式"对话框

为了方便观察，把粗细定为 3 像素，选择不同的线型和颜色绘制线条，如图 8-9 所示。

试一试改变其各项参数，会对绘图有很大帮助。

"滴管工具" 和"墨水瓶工具" 可以很快地将一条直线的颜色样式套用到别的线条上。用"滴管工具" 单击上面的直线，此时"属性"面板显示的就是该直线的属性，而且工具也自动变成了"墨水瓶工具"，如图 8-10 所示。

使用"墨水瓶工具"单击其他线条，结果所有线条都变成了和"滴管工具"选中的直线一样的属性。

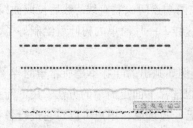

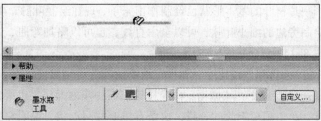

图 8-9　不同线型显示效果　　　　　　　　图 8-10　墨水瓶工具

如果用户需要更改这条直线的方向和长短，Flash 也为用户提供了一个很便捷的工具："箭头工具" 。

"箭头工具"的作用是选择对象、移动对象、改变线条或对象轮廓的形状。单击"箭头工具"，然后移动鼠标指针到直线的端点处，指针右下角变成直角状，这时拖动鼠标即可改变直线的方向和长短，如图 8-11 所示。如果鼠标指针移动到线条中任意处，指针右下角会变成弧线状，拖动鼠标，可以将直线变成曲线。这是一个很有用处的功能，在鼠标绘图不能随心所欲时，它可以帮助大家绘制出所需要的曲线，如图 8-12 所示。

图 8-11　鼠标移到端点处　　　　　　　　图 8-12　鼠标移到线条中间

下面用一个例子来说明绘图工具的使用。

【例 8-1】绘制一片树叶。

打开 Flash 软件，系统会自动建立一个 Flash 文档，在这里不改变文档的属性，直接使用其默认值。

操作步骤如下：

① 新建图形元件。选择"插入"|"新建元件"命令，或者按【Ctrl+F8】组合键，弹出"创建新元件"对话框，在"名称"文本框中输入元件名称"树叶"，"行为"选择"图形"，单击"确定"按钮。此时工作区变为"树枝"元件的编辑状态。

② 绘制树叶图形。在"树叶"图形元件编辑场景中，首先用"线条工具"绘制一条直线，"笔触颜色"设置为"深绿色"，如图 8-13 所示。

图 8-13　"直线工具"属性设置

然后用"箭头工具"将其拉成曲线，再用"线条工具"绘制一条直线，用这条直线连接曲线的两端点，用"箭头工具"将这条直线也拉成曲线。

一片树叶的基本形状已经制作出来了，现在绘制叶脉，在两端点间绘制直线，然后拉成曲线。再绘制旁边的细小叶脉，可以全用直线，也可以略加弯曲，这样，一片简单的树叶就绘制好了，如图 8-14 所示。

③ 编辑和修改树叶。如果在绘制树叶的时候出现错误，例如画出的叶脉不是所希望的样子，可以选择"编辑"|"撤销"命令撤销前面一步的操作，也可以选择下面更简单的方法：用"箭头工具"单击想要删除的直线，这条直线变成网点状，说明它已经被选取，用户可以对它进行各种修改，如图 8-15 所示。

要移动它，就按住鼠标拖动；要删除它，就直接按【Del】键。按住【Shift】键连续单击线条，可以同时选择多个对象。如果要选择全部的线条，可以用"选择工具"拉出一个选取框来，就可以将其全部选中，如图 8-16 所示。

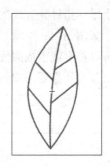

| 图 8-14　树叶元件 | 图 8-15　选中要删除的线条 | 图 8-16　选中全部图像 |

④ 给树叶上色。接下来要给这片树叶填充颜色。单击"填充颜色"按钮，会打开一个调色板，同时光标变成吸管状，如图 8-17 所示。如果觉得调色板的颜色太少不够选，单击调色板右上角的"颜色选择器"按钮 ，会弹出"颜色"对话框，其中有更多的颜色选项，在这里还能把选择的颜色添加到自定义颜色中，如图 8-18 所示。

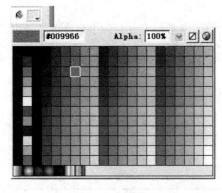
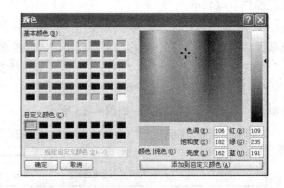

| 图 8-17　选择填充颜色 | 图 8-18　设置自定义颜色 |

在"自定义颜色"选项区域中单击一个自定义色块，该色块会被虚线包围，在"颜色"对话框右边的"调色板"中单击喜欢的颜色，上下拖动右边颜色条上的箭头，移到需要的深浅度上，单击"添加到自定义颜色"按钮，这个色块即被收藏起来。下一次要使用时，打开此"颜色"面

板，在自定义色中可以方便地选取你中意的颜色。

　　这里在调色板里选取"绿色"，单击工具箱中的"颜料桶工具"，在绘制好的叶子上单击，如图 8-19 所示。叶子上只有一小块颜色是因为这个颜料桶只能在一个封闭的空间里填色。取消刚刚的填色，现在用"橡皮工具"将线条擦出一个缺口，效果如图 8-20 所示。

　　残缺线条的两边都填上了颜色。一块一块地将颜色填充好，但是在填充颜色前，用户一定要将树叶图形恢复到使用"橡皮工具"擦除操作前的状态。最后填充完的效果如图 8-21 所示。

　　至此，一个树叶图形就绘制好了。选择"窗口"|"库"命令，打开"库"面板，在"库"面板中出现一个"树叶"图形元件，如图 8-22 所示。

　　说明："库"面板是存储 Flash 元件的场所，本例所创建的元件对象以及从外部导入的图像、声音等对象都保存在这里，这里的元件可以拖放到场景中重复使用。

　　⑤ "颜料桶工具"选项。"颜料桶工具"是对某一区域单色、渐变色或位图进行填充，注意不能作用于线条。选择"颜料桶工具"后，在"工具箱"下边的"选项"中单击"空隙大小"按钮，会弹出四个选项，如图 8-22 所示。
- 不封闭空隙：表示要填充的区域必须在完全封闭的状态下才能进行填充；
- 封闭小空隙：表示要填充的区域在小缺口的状态下可以进行填充；
- 封闭中等空隙：表示要填充的区域在中等大小缺口状态下进行填充；
- 封闭大空隙：表示要填充的区域在较大缺口状态下也能填充。

图 8-19　填充颜色 1　　图 8-20　填充颜色 2　　图 8-21　最后的效果图　图 8-22　颜料桶设置

　　但在 Flash 中，即使该区域中有缺口，值也是很小的，所以要对大的不封闭区域填充颜色，一般用笔刷。

8.2.2　"刷子工具"的用法

　　"刷子工具" ✐ 可以随意地绘制色块。当用户单击工具箱中的"刷子工具"后，工具箱下边就会显示它的"选项"，如图 8-23 所示。

　　下面利用刚刚绘制好的树叶来详细讲解其填色模式。在图 8-23 所示的"选项"下单击"填充模式"按钮，则弹出"填充模式"下拉列表框，如图 8-24 所示。

图 8-23　刷子工具选项　　　　　图 8-24　刷子的填色模式

1．标准绘画

选择"刷子工具"，并将"填充颜色"设置为黄色，当然也可以是其他色。先选择"标准绘画"模式，移动笔刷（当选择了"刷子工具"后，鼠标指针就变为刷子形状）到舞台的树叶图形上，拖动鼠标在叶子上随便抹几下，效果如图 8-25 所示。可见，不管是线条还是填色范围，只要是画笔经过的地方，都变成了画笔的颜色。

2．颜料填充

选择"颜料填充"模式，它只影响了填色的内容，不会遮盖住线条，如图 8-26 所示。

3．后面绘画

选择"后面绘画"模式，无论怎么画，新图像都在图像的后方，不会影响前景图像，如图 8-27 所示。

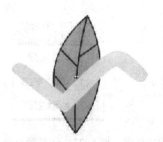
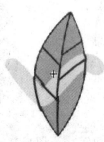
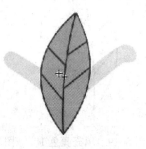

图 8-25　标准模式　　　　　图 8-26　颜色填充模式　　　　　图 8-27　后面绘画模式

4．颜料选择

选择"颜料选择"模式，先用画笔抹几下，却不起作用。这是因为用户没有选择范围。用"箭头工具"选中叶片的一块，再使用画笔，就有颜色了，如图 8-28 所示。

5．内部绘画

选择"内部绘画"模式，在绘画时，画笔的起点必须是在轮廓线以内，而且画笔的范围也只作用在轮廓线以内，如图 8-29 所示。

图 8-28　颜料选择模式　　　　　　　图 8-29　内部绘画模式

下面用一个例子来说明各种绘图工具的用法。

【例 8-2】绘制一个树枝。

如果用刚刚绘制的树叶组成树枝，效果不会很好，因为所有的叶片都是一样的。为了解决这个问题，可以使用"任意变形工具" 。利用"任意变形工具"可以将前面绘制的那个树叶改变成需要的形状。

"任意变形工具"可以旋转缩放元件，也可以对图形对象进行扭曲、封套变形。当用户在工具箱中选择"任意变形工具"后，工具箱的下边就会出现相应的"选项"，如图 8-30 所示。

图 8-30　任意变形工具

说明："任意变形工具"的"选项"中共包括三个按钮，从上向下依次是："贴紧至对象"、"旋转与倾斜"、"缩放"。用户可以用鼠标指向这些按钮，相应的按钮功能就会显示出来。另外，当用户选择了"任意变形工具"后，"选项"中的按钮并不是马上都被激活，除了"对齐对象"按钮，其他按钮都是灰色显示，只有用户在场景中选择了具体的对象以后，其他两个按钮才变成可用状态。

操作步骤如下：

① 旋转树叶。选择"任意变形工具"后，单击舞台上的树叶，这时树叶被一个方框包围着，中间有一个小圆圈，这就是变形点，进行缩放旋转时，就以它为中心，如图 8-31 所示。

这个点是可以移动的。将光标移近它，光标下面会多一个圆圈，按住鼠标拖动，将它拖到叶柄处，让它绕叶柄旋转，如图 8-32 和图 8-33 所示。

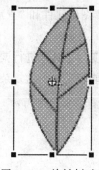　　　　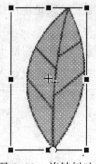　　　　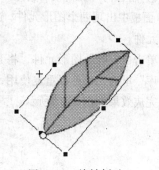

图 8-31　旋转树叶 1　　　　图 8-32　旋转树叶 2　　　　图 8-33　旋转树叶 3

再将鼠标指针移到方框的右上角，鼠标变成状圆弧状 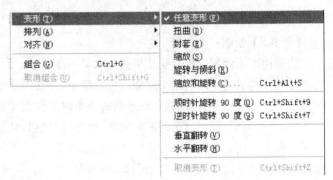，表示这时就可以进行旋转了。向下拖动鼠标，叶子绕控制点旋转，到合适位置松开鼠标，效果如图 8-34 所示。

② 复制树叶。用"箭头工具"单击舞台上的树叶图形，选择"编辑"|"复制"命令，然后再选择"编辑"|"粘贴"命令，这样就复制得到一个同样的树叶，如图 8-34 所示。

③ 变形树叶。将粘贴好的树叶拖到旁边，再用"任意变形工具"进行旋转（见图 8-35）。使用"任意变形工具"时，也可以像使用"箭头工具"一样移动树叶的位置。

拖动任一角上的缩放手柄，可以将对象放大或缩小。拖动中间的手柄，可以在垂直和水平方向上放大或缩小，甚至翻转对象。

说明："任意变形工具"的各项功能也可以选择"修改"|"变形"命令来实现。

图 8-34　复制叶片

图 8-35　变形菜单

④ 创建"三片树叶"图形元件。再复制一张树叶，用"任意变形工具"将三片树叶进行调整，如图 8-36 所示。在调整过程中要注意，当调整效果不满意时，也许你的树叶已经不在选择状态，有时要重新选取整片树叶范围很困难，这就需要多使用编辑撤销，以恢复选取状态。

如图 8-36 所示的三片树叶图形创建好以后，将它们全部选中，然后选择"修改"|"转换为元件"命令，将它们转换为名字为"三片树叶"的图形元件。

⑤ 绘制树枝。注意，以上的绘图操作都是在"树叶"编辑场景完成的，现在返回主场景，即"场景1"。单击时间轴右上角的"场景1"按钮。

单击"刷子工具" ，选择"画笔形状"为圆形，大小自定，选择"后面绘画"模式，移动鼠标指针到场景中，画出树枝形状，如图 8-37 所示。

⑥ 组合树叶和树枝。选择"窗口"|"库"命令，或者按【Ctrl+L】组合键，打开"库"面板，"库"面板中出现两个图形元件，这两个图形元件就是本例绘制的"树叶"图形元件和"三片树叶"图形元件。

单击"树叶"图形元件，将其拖放到场景的树枝图形上，用"任意变形工具"进行调整。元件"库"里的元件可以重复使用，用户只要改变其长短、大小和方向就能表现出纷繁复杂的效果来，完成效果如图 8-38 所示。

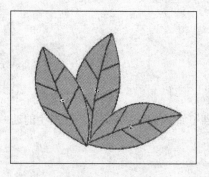

图 8-36　绘制"三片树叶"

图 8-37　绘制树枝

图 8-38　绘制的效果图

8.3　动　画　制　作

从本节起，将逐渐给大家介绍 Flash CS3 中的五种常见的动画形式：逐帧动画、形状补间动画、动作补间动画、遮罩动画和引导线动画。

8.3.1　逐帧动画的制作

逐帧动画是一种常见的动画手法，其原理是在"连续的关键帧"中分解动画动作，也就是每一帧中的内容不同，连续播放而成动画。

由于逐帧动画的帧序列内容不一样，不仅增加制作负担而且最终输出的文件量也很大，但它的优势也很明显：因为它类似于电影播放模式，很适合表演很细腻的动画，如 3D 效果、人物或动物急剧转身等效果。

1．逐帧动画在时间轴上的表现形式

在时间轴上逐帧绘制帧内容称为逐帧动画，由于是一帧一帧地画，所以逐帧动画具有非常大的灵活性，几乎可以表现任何制作者希望表现出来的内容。

逐帧动画在时间帧上表现为连续出现的关键帧，如图 8-39 所示。

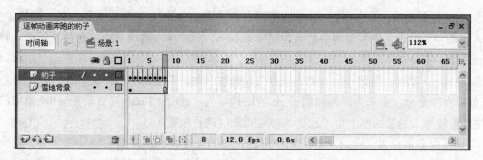

图 8-39　逐帧动画时间轴的表示形式

2．创建逐帧动画的几种方法

（1）用导入的静态图片建立逐帧动画

用 JPG、PNG 等格式的静态图片连续导入 Flash 中，就会建立一段逐帧动画。

（2）绘制矢量逐帧动画

用鼠标或压感笔在场景中一帧帧地画出帧内容。

（3）文字逐帧动画

用文字作帧中的元件，实现文字跳跃、旋转等特效。

（4）导入序列图像

可以导入.gif 序列图像、.swf 动画文件或者利用第三方软件（如 swish、swift 3D 等）产生的动画序列。

下面通过一个例子来说明逐帧动画的制作。

【例 8-3】雪地中奔跑的豹子。

操作步骤如下：

① 新建影片文档，设置相关参数。选择"文件" | "新建"命令，在弹出的面板中选择"常规" | "Flash 文档"选项后，单击"确定"按钮，新建一个影片文档，在"属性"面板上设置文件大小为 400×260 像素，"背景色"为白色，如图 8-40 所示。

图 8-40 新建文档

② 创建背景图层。双击图层 1，修改图层名为"雪地背景"。选择该层第 1 帧，选择"文件" | "导入到舞台"命令，将本实例中的名为"雪景.bmp"图片导入到场景中。在第 8 帧插入帧，目的是加过渡帧使帧内容延续。

③ 导入 gif 动画。新建一层，双击图层 2，并改名为"豹子"。选择第 1 帧，选择"文件" | "导入到舞台"命令，将名为奔跑的豹子.gif 的图片导入。此时，Flash 会自动把 gif 动画中的图片序列按序逐帧导入场景的左上角（此处为导入对象的缺省位置）。

④ 调整对象的位置。此时，时间轴中出现连续的关键帧，从左向右拉动播放头，就会看到一头勇猛的豹子在向前奔跑，但是，被导入的动画序列位置尚未处于用户需要的地方，默认状况下，导入的对象被放在场景坐标（0,0）处，所以必须移动它们。

当然也可以一帧帧调整位置，完成一幅图片后记下其坐标值，再把其他图片设置成相同坐标值，但"多帧编辑"功能更为便捷。

先把"雪景"图层加锁，然后单击"时间轴"面板下方的"绘图纸显示多帧"按钮 ⬛，再单击"修改绘图纸标记"按钮 ⬚，在弹出的菜单中选择"绘制全部"命令，如图 8-41 所示。

图 8-41　选择"绘制全部"选项

最后选择"编辑"|"全选"命令，此时时间轴和场景效果如图 8-42 所示。用鼠标左键按住场景左上方的豹子拖动，即可一次把八帧中的图片一次全移动到场景中。

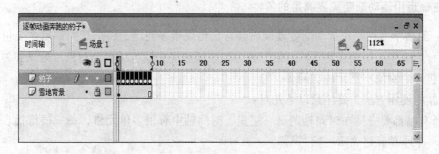

图 8-42　选取多帧编辑

⑤ 添加标题文字。在场景中新建一个图层并改名为"文字"，单击工具栏上的"文字工具"按钮 T，设置"属性"面板上的文本参数为："文本类型"为静态文本，"字体"为隶书，"字体大小"为 35，"颜色"为深蓝色，如图 8-43 所示。在文本框输入"奔跑的豹子"五个字，居中放置。

图 8-43　文字的属性设置

⑥ 测试存盘。选择"控制"|"测试影片"命令，或按【Ctrl+Shift】组合键。观察本例.swf 文件生成的动画有无问题，如果满意，选择"文件"|"保存"命令，将文件保存成"奔跑的豹子.fla"文件存盘。如果要导出 Flash 的播放文件，选择"导出"|"导出影片"命令保存为"奔跑的豹子.swf"文件。

8.3.2　运动渐变动画的制作

运动渐变动画是补间动画的一种。通过为对象创建运动渐变，可以改变对象的位置、大小、旋转或倾斜，做出物体运动的各种效果。通过设置实例的颜色属性，还可以制作出更丰富的渐变效果，例如淡入淡出效果等。

1．动作渐变动画的概念

在 Flash 的"时间轴"面板上，在一个时间点（关键帧）放置一个元件，然后在另一个时间点（关键帧）改变这个元件的大小、颜色、位置、透明度等，Flash 根据二者之间的帧值创建的动画称为动作渐变动画。

2．构成动作渐变动画的元素

构成动作补间动画的元素是元件，包括影片剪辑、图形元件、按钮等，除了元件，其他元素包括文本都不能创建补间动画，其他的位图、文本等都必须要转换成元件才行，只有把形状"组合"或者转换成"元件"后才可以做"动作补间动画"。

3．动作渐变动画在时间轴面板上的表现

动作补间动画建立后，"时间帧"面板的背景色变为淡蓝色，在起始帧和结束帧之间有一个长长的箭头。

4．正确运用运动渐变需要满足的条件

Flash 的初学者在制作运动渐变动画时经常会出现很多问题，将问题归纳后主要包括以下几种：第一种为缺少起始帧或终止帧；第二种为起始帧和终止帧包括多个对象；第三种为起始帧和终止帧中包含的对象不是元件实例。

关于帧的使用方法，要注意以下几点：

① 所有帧都要安排在时间轴的每一层里，时间轴中有很多单元格，每一横行代表一个层，层内的每一个小单元格表示一帧。

② 默认的新建文件会包含一个空白关键帧，空白关键帧在时间轴上显示为没有标志的空心单元格，当添加了内容之后就变成了关键帧，关键帧在时间轴中包含内容的关键帧显示为有黑色实心圆点的单元格。

③ 过渡帧的显示状态和过渡类型有关，若是运动渐变则显示为带有箭头直线段的浅蓝色单元格；如果是形状渐变过渡，过渡帧显示为带有箭头直线段的浅绿色单元格。

④ 如果过渡帧出现错误，则显示虚线的单元格。

综上所述，要正确使用运动渐变就要做到以下几点：

- 运动渐变只能用于元件实例。若要对形状、组合、位图或文本对象应用运动渐变，必须先将这些对象转换成元件。
- 运动渐变中的元件只能是一对一的渐变，对多一或一对多均会导致渐变失败。
- 运动渐变中的对象只能在同一图层。

下面用一个例子来说明运动渐变动画的制作。

【例 8-4】笑脸球的运动。

操作步骤如下：

① 创建影片文档。选择"文件"|"新建"命令，在弹出的面板中选择"常规"|"Flash 文档"选项后，单击"确定"按钮，新建一个影片文档，在"属性"面板上设置文件大小为 400×400 像素，"背景色"为白色。

② 绘制笑脸和哭脸元件。选择"插入"|"新建元件"命令，在弹出的面板中选择类型为图

形，名称为"笑脸"。单击"确定"按钮后，进入"笑脸"元件的编辑窗口。

选择工具箱中的"椭圆工具"，将边线颜色选为无色透明，填充颜色为黄色。按住【Shift】键，拖动鼠标绘制一个圆形，并使圆的中心和元件制作场景的中心重合。

再次选择工具箱中的"椭圆工具"，将边线颜色设置为无色透明，填充颜色为黑色。按住【Shift】键，拖动鼠标绘制一个较小的圆形，作为笑脸的眼睛。选中一只眼睛，按住【Shift】键，拖动鼠标复制出另外一只眼睛。最后把两只眼睛移动到笑脸的相应位置上。

利用工具箱中的"刷子工具"，选择合适的笔触大小，绘制上扬的嘴巴。

再次选择"插入"|"新建元件"命令，在弹出的面板中选择类型为图形，名称为"哭脸"。单击"确定"按钮后，进入"哭脸"元件的编辑窗口。

哭脸元件的绘制和笑脸元件的绘制大致相同，区别主要有哭脸元件的眼睛要小，嘴角是下垂状态。绘制完成的笑脸和哭脸元件如图 8-44 所示。

图 8-44　绘制完成的笑脸和哭脸元件

③ 制作地面。双击第 1 层，改名为"地面"。选择"铅笔工具"，笔触大小为 8，笔触形状为"斑马线"，绘制出一条水平线。

④ 制作运动渐变：

a. 新建一个图层，命名为"运动"。

b. 选择该层的第 1 帧，将库中已经做好的"笑脸"元件拖入到场景中离地面较高的位置，并用"任意变形工具"调整其到合适的大小。

c. 在第 20 帧中插入关键帧，将笑脸元件垂直移动到靠近地面的位置。选择第 1 帧并右击，在弹出的菜单中选择"创建补间动画"命令，至此在第 1 帧～第 20 帧之间创建了一个运动渐变动画。

d. 选择第 21 帧并右击，在弹出的快捷菜单中选择"插入空白关键帧"命令。将库中的哭脸元件拖入场景中，参照 20 帧中笑脸元件的大小和位置，将哭脸元件调整与之重合。利用"任意变形工具"将哭脸元件压扁。

e. 选择第 20 帧并右击，在弹出的快捷菜单中选择"复制帧"命令。

f. 选择第 23 帧并右击，在弹出的快捷菜单中选择"粘贴帧"命令。

g. 用同样的方法将第 1 帧复制到第 40 帧，并创建从第 23 帧～第 40 帧的运动渐变动画。

各个关键帧的图形效果如图 8-45 所示。

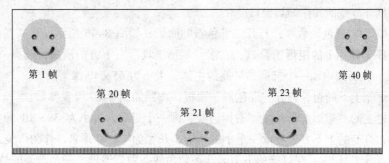

第 1 帧　　第 40 帧

第 20 帧　　第 23 帧

第 21 帧

图 8-45　各关键帧效果图

⑤ 测试影片并保存。选择"控制"|"测试影片"命令，查看影片的最终效果。选择"文件"|"另存为"命令，保存影片。

8.3.3 形状渐变动画的制作

形状补间动画是 Flash 中非常重要的表现手法之一，运用它可以制作出很多变形效果。

本节从形状补间动画基本概念入手，带你认识形状补间动画在时间帧上的表现，了解补间动画的创建方法，学会应用"形状提示"让图形的形变自然流畅，最后，提供了两个实例练手，帮助读者更深地理解形状补间动画。

1．形状渐变动画的概念

在 Flash 的"时间轴"面板上，在一个时间点（关键帧）绘制一个形状，然后在另一个时间点（关键帧）更改该形状或绘制另一个形状，Flash 根据二者之间的帧的值或形状来创建的动画被称为"形状渐变动画"。

2．构成形状渐变动画的元素

形状补间动画可以实现两个图形之间颜色、形状、大小、位置的相互变化，其变形的灵活性介于逐帧动画和动作补间动画二者之间，使用的元素多为用鼠标或压感笔绘制出的形状，如果使用图形元件、按钮、文字，则必先"打散"再变形。

3．形状渐变动画在"时间轴"面板上的表现

形状渐变动画建好后，"时间轴"面板的背景色变为淡绿色，在起始帧和结束帧之间有一个长长的箭头。

下面用一个例子来说明形状渐变动画的制作。

【例 8-5】制作灯笼变字。

操作步骤如下：

① 创建新文档。选择"文件"|"新建"命令，在弹出的面板中选择"常规"|"Flash 文件（ActionScript 3.0）"选项后，单击"确定"按钮，新建一个影片文档。

② 创建背景图层。选择"文件"|"导入"|"导入到舞台"命令，将本实例中名为"背景.jpg"的图片导入到场景中，在第 80 帧处按【F5】键，添加普通帧。

③ 创建灯笼形状。选择"插入"|"新建元件"命令，在弹出的对话框中为新的元件命名为"灯笼"，随后打开灯笼的元件编辑窗口。

选择"窗口"|"颜色"命令，打开"混色器"面板，如图 8-46 所示设置"混色器"面板的各项参数。选择工具栏上的矩形工具▣，右击"矩形工具"右下方的箭头，选择"椭圆工具"。去掉边线 ✎▨，在场景中画一个椭圆做灯笼的主体，大小为 65×40 像素。

接着来画灯笼上下的边，打开"混色器"面板，按照如图 8-47 设置参数。

选择工具栏上的"矩形工具"▣，去掉边线，画一个矩形，大小为 30×10 像素，复制这个矩形，分别放在灯笼的上下方，再画一个小的矩形，长宽为 7×10 像素，作为灯笼上面的提手。

最后用"直线工具"＼在灯笼的下面画几条黄色线条做灯笼穗，一个漂亮的灯笼就画好了，如图 8-48 所示。

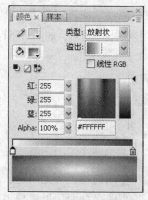  

图 8-46　灯笼主体颜色设置　　图 8-47　灯笼上下部分颜色设置　　　图 8-48　灯笼元件完成图

④ 将灯笼导入场景。新建四个图层，在每个图层从库中拖入一个灯笼，调整灯笼的位置，使其错落有致地排列在场景中。

在第 20、40 帧处为各图层添加关键帧。

⑤ 把文字转为形状取代灯笼。选择第一个灯笼，在第 40 帧处用文字"欢"取代灯笼，设置文字的"属性"面板上的参数："文本类型"为静态文本，"字体"为隶书，"字体大小"为 60，"颜色"为玫红色。

对"欢"字选择"修改"|"分散"命令，把文字转为形状，如图 8-49 所示。

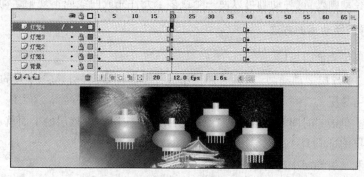

图 8-49　20 帧图像

依照以上步骤，在第 40 帧处的相应图层上依次用"渡"、"国"、"庆"三个字取代另外三个灯笼，并执行"分散"操作，其结果如图 8-50 所示。

图 8-50　40 帧图像

⑥ 创建形状补间动画。在"灯笼"各图层的第20帧处单击帧，在"属性"面板上单击"补间"旁边的下三角按钮，在弹出的下拉菜单中选择"形状"选项，建立形状补间动画，如图8-51所示。

图 8-51　形状渐变动画

⑦ 测试存盘。选择"控制"｜"测试影片"命令，观察本例.swf 文件生成的动画有无问题，如果满意，选择"文件"｜"保存"命令，将文件保存成"庆祝国庆.fla"文件存盘，如果要导出Flash 的播放文件，选择"导出"｜"导出影片"命令保存成"庆祝国庆.swf"文件。

8.3.4　引导层运动动画的制作

单纯依靠设置关键帧，有时仍然无法实现一些复杂的动画效果，有很多运动是弧线或不规则的，如月亮围绕地球旋转、鱼儿在大海里遨游等，在 Flash 中能不能做出这种效果呢？

答案是肯定的，这就是"引导层运动动画"。

将一个或多个层链接到一个运动引导层，使一个或多个对象沿同一条路径运动的动画形式被称为"引导层路径动画"。这种动画可以使一个或多个元件完成曲线或不规则运动。

1．创建引导路径动画的方法

（1）创建引导层和被引导层

一个最基本"引导层运动动画"由两个图层组成，上面一层是"引导层"，它的图层图标为，下面一层是"被引导层"，图标同普通图层一样。

在普通图层上单击"时间轴"面板的"添加引导层"按钮，该层的上面就会添加一个引导层，同时该普通层缩进成为"被引导层"。

（2）引导层和被引导层中的对象

引导层是用来指示元件运动路径的，所以"引导层"中的内容可以是用钢笔工具、铅笔工具、线条工具、椭圆工具、矩形工具或画笔工具等绘制出的线段。

而"被引导层"中的对象是跟着引导线走的，可以使用影片剪辑、图形元件、按钮、文字等，但不能应用形状。

由于引导线是一种运动轨迹，不难想象，"被引导"层中最常用的动画形式是动作补间动画，当播放动画时，一个或数个元件将沿着运动路径移动。

（3）向被引导层中添加元件

"引导层运动动画"最基本的操作就是使一个运动动画"附着"在"引导线"上。所以操作时特别得注意"引导线"的两端，被引导的对象起始、终点的两个"中心点"一定要对准"引导线"的两个端头。

2．应用引导路径动画的技巧

① "被引导层"中的对象在被引导运动时，还可作更细致的设置，如运动方向，选中"属性"

面板上的"路径调整"复选框，对象的基线就会调整到运动路径。而如果选中"对齐"复选框，元件的注册点就会与运动路径对齐。

② 引导层中的内容在播放时是看不见的，利用这一特点，可以单独定义一个不含"被引导层"的"引导层"，该引导层中可以放置一些文字说明、元件位置参考等，此时，引导层的图标为 。

③ 在做引导路径动画时，单击工具栏上的"对齐对象"按钮 ，可以使"对象附着于引导线"的操作更容易成功。

④ 过于陡峭的引导线可能使引导动画失败，而平滑圆润的线段有利于引导动画制作成功。

⑤ 被引导对象的中心对齐场景中的十字星，也有助于引导动画的成功。

⑥ 向被引导层中放入元件时，在动画开始和结束的关键帧上，一定要让元件的注册点对准线段的开始和结束的端点，否则无法引导，如果元件为不规则形状，可以单击工具栏上的"任意变形工具"，调整注册点。

⑦ 如果想解除引导，可以把被引导层拖离"引导层"，或在图层区的引导层上右击，在弹出的菜单中选择"属性"命令，在对话框中选择"正常"作为图层类型。

⑧ 如果想让对象做圆周运动，可以在"引导层"画个圆形线条，再用橡皮擦去一小段，使圆形线段出现两个端点，再把对象的起始、终点分别对准端点即可。

⑨ 引导线允许重叠，如螺旋状引导线，但在重叠处的线段必须保持圆润，让 Flash 能辨认出线段走向，否则会使引导失败。

下面用一个例子来说明引导层运动动画的制作。

【例 8-6】飘落的枫叶。

操作步骤如下：

① 创建新文档。选择"文件"∣"新建"命令，在弹出的面板中选择"常规"∣"Flash 文件 ActionScript3.0"选项后，单击"确定"按钮，新建一个影片文档。 在属性面板中设置影片大小为 330×380 像素。

② 创建背景图层。选择"文件"∣"导入"∣"导入到舞台"命令，将本实例中名为"背景.jpg"图片导入场景中，在第 80 帧处按【F5】键，添加普通帧。

③ 创建枫叶元件。选择"插入"∣"新建元件"命令，在弹出的面板中选择类型为图形，新名称为"枫叶"，单击"确定"按钮之后进入枫叶元件的编辑窗口。

为了方便，可暂时将背景颜色换为黄色。选择"文件"∣"导入"∣"导入到舞台"命令，导入枫叶图片，如图 8-52 所示。选中图片，选择"修改"∣"分离"命令，将图像打散，并用工具箱中的橡皮擦工具将枫叶的白色背景去除掉，处理后的枫叶元件如图 8-53 所示。

图 8-52　枫叶元件导入图　　　　　　图 8-53　枫叶元件完成图

④ 创建引导层运动动画。返回到场景 1 中，新建一个图层，命名为"枫叶 1"。从"库"面板中将枫叶元件拖动到场景中，使用工具箱中的"任意变形工具"  修改枫叶的大小到合适的状态。在第 1 帧和第 20 帧分别创建关键帧，第 1 帧中枫叶位于图像的上部边缘之外，第 20 帧中枫叶位于图像的下部边缘之外。创建第 1 帧到第 20 帧的运动渐变。

单击 按钮，在枫叶层上建立引导层。选中引导层的第 1 帧，选择"平滑"选项 ，用"铅笔工具" 画一条曲线。选择枫叶层的第 1 帧，使枫叶元件的中点和引导线的一端对齐；选择枫叶层的第 20 帧，使枫叶元件的中点和引导线的另一端对齐。枫叶层第 1 帧和第 20 帧如图 8-54 和图 8-55 所示。

图 8-54　枫叶层第 1 帧　　　　　　　　图 8-55　枫叶层第 20 帧

⑤ 设置更佳的效果。选择枫叶层的第 1 帧，在"属性"面板中，将旋转设为"顺时针"，"2"次，如图 8-56 所示。这样就实现了枫叶边旋转边飘落的效果。另外，可根据自己的喜好，重复第④步，设置多个枫叶飘落的效果。并添加上适当的文字。

图 8-56　枫叶的转动效果

⑥ 测试存盘。选择"控制"｜"测试影片"命令，观察本例.swf 文件生成的动画有无问题，如果满意，选择"文件"｜"保存"命令，将文件保存为"飘落的枫叶.fla"，如果要导出 Flash 的播放文件，选择"导出"｜"导出影片"命令，保存为"飘落的枫叶.swf"文件。

8.3.5　遮罩动画的制作

在 Flash CS3 的作品中，常常看到很多眩目神奇的效果，而其中很多都是用最简单的"遮罩"完成的，如水波、万花筒、百叶窗、放大镜、望远镜……

那么，"遮罩"如何能产生这些效果呢？

在本节，除了给大家介绍"遮罩"的基本知识，还结合实际经验介绍一些"遮罩"的应用技巧。最后，提供一个很实用的范例，以加深对"遮罩"原理的理解。

在 Flash CS3 中实现"遮罩"效果有两种做法，一种是用补间动画的方法，另一种是用 actions 指令的方法，在本节中只介绍第一种做法。

1. 遮罩动画的概念

（1）什么是遮罩

"遮罩"，顾名思义就是遮挡住下面的对象。

在 Flash CS3 中，"遮罩动画"是通过"遮罩层"实现有选择地显示位于其下方的"被遮罩层"中的内容，在一个遮罩动画中，"遮罩层"只有一个，"被遮罩层"可以有任意多个。

（2）遮罩的用途

在 Flash CS3 动画中，"遮罩"主要有两种用途，一个作用是用在整个场景或一个特定区域，使场景外的对象或特定区域外的对象不可见，另一个作用是用来遮罩住某一元件的一部分，从而实现一些特殊的效果。

2. 创建遮罩的方法

（1）创建遮罩

在 Flash CS3 中没有一个专门的按钮来创建遮罩层，遮罩层其实是由普通图层转化的。只要在要某个图层上右击，在弹出式菜单中选择"遮罩"命令，该图层就会生成遮罩层，"层图标"就会从普通层图标变为遮罩层图标，系统会自动把遮罩层下面的一层关联为"被遮罩层"，如果想关联更多层被遮罩，只要把这些层拖到被遮罩层下面即可。

（2）构成遮罩和被遮罩层的元素

遮罩层中的图形对象在播放时是看不到的，遮罩层中的内容可以是按钮、影片剪辑、图形、位图、文字等，但不能使用线条，如果一定要用线条，可以将线条转化为"填充"。

被遮罩层中的对象只能透过遮罩层中的对象被看到。在被遮罩层，可以使用按钮、影片剪辑、图形、位图、文字、线条。

（3）遮罩中可以使用的动画形式

可以在遮罩层、被遮罩层中分别或同时使用形状补间动画、动作补间动画、引导线动画等动画手段，从而使遮罩动画变成一个可以施展无限想象力的创作空间。

3. 应用遮罩时的技巧

① 遮罩层的基本原理是：能够透过该图层中的对象看到"被遮罩层"中的对象及其属性（包括它们的变形效果），但是遮罩层中的对象中的许多属性如渐变色、透明度、颜色和线条样式等却是被忽略的。例如，不能通过遮罩层的渐变色来实现被遮罩层的渐变色变化。

② 要在场景中显示遮罩效果，可以锁定遮罩层和被遮罩层。

③ 可以用 AS 语句建立遮罩，但这种情况下只能有一个"被遮罩层"，同时，不能设置_alpha 属性。

④ 不能用一个遮罩层试图遮蔽另一个遮罩层。

⑤ 遮罩可以应用在 gif 动画上。

⑥ 在制作过程中，遮罩层经常挡住下层的元件，影响视线、无法编辑，可以单击遮罩层"时间轴"面板的"显示图层轮廓"按钮■，使之变成■状态，使遮罩层只显示边框形状，此时还可以拖动边框调整遮罩图形的外形和位置。

⑦ 在被遮罩层中不能放置动态文本。

下面用一个例子来说明遮罩动画的制作。

【例 8-7】探照灯。

操作步骤如下：

① 创建新文档。选择"文件"｜"新建"命令，在弹出的面板中选择"常规"｜"Flash 文件 ActionScript3.0"选项后，单击"确定"按钮，新建一个影片文档。在"属性"面板中设置影片大小为 550×200 像素。

② 创建底层文字。将图层 1 改名为"底层文字"，并在第 1 帧中利用工具箱中的"文本工具"，在舞台中输入"北京科技大学天津学院"，修改文字的颜色为红色，大小为 52，字体为幼圆。在第 30 帧处插入一个普通帧。

③ 创建遮罩层。新建一图层，命名为"遮罩层"。在第 1 帧中利用工具箱中的"椭圆工具"，绘制一个没有边框的正圆（按住【Shift】键），填充色任意。将绘制的椭圆拖动到"北"字的左边，如图 8-57 所示。在此图层的第 30 帧处插入一个关键帧，将正圆拖动到"院"字右边，如图 8-58 所示。

图 8-57　遮罩层第 1 帧	图 8-58　遮罩层第 30 帧

在遮罩层中建立第 1 帧到第 30 帧的运动渐变。右击遮罩层，在弹出的菜单中选择"遮罩层"命令，如图 8-59 所示。

④ 测试存盘。选择"控制"｜"测试影片"命令，观察本例.swf 文件生成的动画有无问题，如果满意，选择"文件"｜"保存"命令，将文件保存为"探照灯.fla"，如果要导出 Flash 的播放文件，选择"导出"｜"导出影片"命令保存为"探照灯.swf"文件。

图 8-59　设置遮罩

8.4　Flash 编程

Flash 动画可以根据不同要求，动态地调整播放顺序或内容，还可以通过接收用户反馈的信息实现交互操作，这些都是通过 Flash 编程语言实现的。图 8-60 就是 Flash 编程语言实现的一个画面。

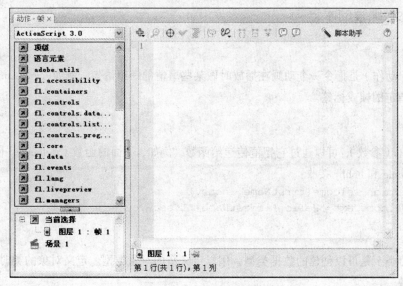

图 8-60　Flash 编程窗口

Flash 编程语言是高级语言，命令形式与英文很接近，命令的含义也是英文本身的含义。如动作语句中的 stop，在使用时就是让影片或某一进程停止。因此，只需要知道命令本身的英文含义就可以知道这个命令的用途了。

8.4.1　Flash 编程的方法和过程

1．学习 Flash 编程的方法

读者应该在应用中学习编程，理解编程控制的方法，在工作中不断记忆和掌握编程命令。在学习编程前应了解哪些工作是编程可以完成的，哪些是编程无法完成的。

Flash 编程的方法：

① 拆分问题：将需要处理的问题拆分成可执行的命令。

② 学会综合使用 Flash 的功能：Flash 有绘画功能、动画功能和编程功能，将它们综合使用会令工作轻松很多。

③ 命名：对编程中的对象采取一个唯一和有意义的名称。

④ 使用动作面板和行为面板中的提示。

2．Flash 编程的过程

Flash 编程的过程如下：

① 确定需要完成的任务。

② 确定执行任务的对象。

③ 将任务拆分成可执行的命令。

④ 将命令赋予对象。

⑤ 在动作面板中测试命令语句。

⑥ 使用"测试场景"命令测试。

⑦ 完成编程。

8.4.2　Flash 编程的术语

1．动作

Actions（动作）是指令一个动画在播放时做某些事情的一组语句。例如，gotoAndStop 动作把播放头送到指定的帧或标签。

2．参数

Arguments（参数），可以通过它把值传递给函数。例如，下面的函数（welcome）使用两个值，由参数 firstName 和 hobby 接收：

```
function welcome(firstName, hobby)
{ welcomeText="Hello,"+firstName+"I see you enjoy"+hobby; }
```

3．类

Classes（类）是可以创建的数据类型，用以定义新的对象类型。定义对象的类时，需要创建一个构造函数。

4．常数

Constants（常数）是不能改变的元素。例如，常数 TAB 总是具有相同的意思。常数在比较值时很有用。

5．结构体

Constructors（结构体）是用于定义类的属性和方法的函数。

6．数据类型

Datatypes（数据类型）是一组值和对这些值进行运算的操作符。字符串、数值、逻辑值（true 和 false）、对象和电影剪辑是 ActionScript 的数据类型。

7．事件

Events（事件）是动画正在播放时发生的动作。例如，当装载电影剪辑、播放头到达某帧、用户单击按钮或移动电影剪辑，或用户用键盘输入时，可以发生不同的事件。

8．表达式

Expressions（表达式）是语句中能够产生一个值的任意部分。例如，2+2 就是一个表达式。

9．函数

Functions（函数）是可以被传送参数并能返回值的可重用代码块。例如，getProperty 函数被传送属性名和电影剪辑实例名，然后返回这些属性的值。getVersion 函数返回当前正在播放动画的 Flash 播放器的版本。

10．事件处理程序

Handlers（事件处理程序）是一种特殊的动作，它"处理"或管理事件（如 mouseDown 或 load）。例如，onMouseEvent 和 onClipEvent 就是 ActionScript 的事件处理程序。

11. 标识符

Identifiers（标识符）是用来标明变量、属性、对象、函数或方法的名字。第一个字符必须是字母、下画线（_）或美元号（$）。每个后续字符必须是字母、数字、下画线（_）或美元号（$）。例如，firstName 是一个变量名。

12. 实例

Instances（实例）是属于某个类的对象。一个类的每个实例包含该类的所有属性和方法。所有电影剪辑都是 MovieClip 类的实例，均拥有该类的属性（如 _alpha 和 _visible）和方法（如 gotoAndPlay 和 getURL）。

13. 实例名

Instancenames（实例名）是在脚本中指向电影剪辑实例的唯一名字。例如，在图符库中的一个主图符可以称为 counter，在动画中该图符的两个实例可以取实例名 scorePlayer1 和 scorePlayer2。下列代码通过实例名设置每个电影剪辑内部的 score 变量的值：

```
_root.scorePlayer1.score+=1
_root.scorePlayer2.score-=1
```

8.4.3　程序基本结构

计算机程序是由命令、函数、运算符、条件和循环等结构组成的。

1. 命令、函数和运算符

在此之前，我们都是用关键字来描述 ActionScript 中的元素，如关键字 gotoAndPlay，它也是一个命令。

命令是 ActionScript 中用来告诉 Flash 所要执行的特定操作的元素。之所以称之为命令，是因为它将被严格的遵照执行，如果用 gotoAndPlay 跳转到一个不存在的帧，这样命令就不能被执行。

命令是程序中最基本的元素，在 Flash 中如果不使用命令，几乎不能进行任何操作。从本书中可以学到很多命令。

函数是 ActionScript 中用来执行计算和返回结果的元素。例如，一个特定的函数可以计算并返回一个指定数的平方根。

命令和函数都可以使用参数。参数就是传递给命令或函数的一个值，如 gotoAndPlay 命令就至少需要一个帧编号或帧标签作为参数。求平方根的函数也需要一个数值作为参数。

与命令和函数不同的是运算符，它们主要是由一些符号，而不是字母组成的。例如，"+"号运算符执行两数相加的操作。

在 ActionScript 程序中将会用到大量的命令、函数和运算符。

2. 变量

要编写复杂的计算机程序往往需要存储很多的信息。有时可能只需要存储很短暂的时间，例如，如果需要重复执行 10 次相同的命令，就需要对命令的执行次数进行记数，直到满 10 次为止。

所有的编程语言都使用变量来存储信息。一个变量由两部分构成：变量名和变量的值。

（1）变量名

变量名通常是一个单词或几个单词构成的字符串，也可以是一个字母。总的来说，需要尽可能地为变量指定一个有意义的名称。

例如，如果要使用变量存储用户的姓名，用 userName 作为变量名是一个很好的选择。如果使用 n 作为变量名，会显得长度过短；如果使用 name 作为变量名，又可能与影片中其他对象的名称相混淆。

在 ActionScript 中为变量指定变量名时已经形成了一种不成文的规范，就是变量名通常以小写字母开头，当一个新的单词出现时，大写这个新单词的第一个字母，如 userName，长一点的例子如 currentUserFirstName。

变量名中不允许出现空格，也不允许出现特殊符号，但是可以使用数字。

（2）变量类型

① 可以用变量存储不同类型的数据。数字是最简单的变量类型。

② 可以在变量中存储两种不同类型的数字：整数和浮点数。整数没有小数点部分，如 117、-3 685 都是整数。浮点数有小数点部分，如 0.1、532.23、-3.7 都是浮点数。

③ 可以在变量中存储字符串，字符串就是由字符组成的序列，可以是一个或多个字符，甚至可以没有字符，即空字符串。

使用引号定义字符串，使其与其他变量相区别。如 7 是一个数字，而"7"则是一个字符串，这个字符串由一个字符 7 组成。

在其他编程语言中，可能需要在程序的开头部分提前定义程序中要用到的变量的具体类型，但在 ActionScript 中不需要预先声明变量，只需要直接使用它们，Flash 在第一次遇到它们的时候会自动为它们创建变量。

另外，变量所能存放的数据类型也没有严格的限定，某一变量可以在一个位置存放字符串，而在另一个位置存放数字。

这种灵活性并不是经常用得到，但是它可以让程序员们免去一些不必要的担心。

ActionScript 程序员不必担心的另一个问题是废弃变量的空间回收问题。即当不再需要使用一个变量的时候，可能需要收回该变量占用的存储空间。大多数现代的计算机语言如 ActionScript 都可以自动回收空间。

除数字和字符串类型外还有一些别的变量数据类型。例如，数组可以存放一系列的数据而非单个数据。

3. 条件

程序本身并不能作出抽象的决定，但是它可以获取数据，并对数据进行分析比较，然后根据分析结果执行不同的任务。

例如，想要检查用户输入的名字并确定其至少包含三个字母。程序需要做的事情就是对用户名作出判断，如果是三个或更多的字母，执行一种操作；如果不足三个字母则执行另一种操作。

这里，作出一个决定需要两步，第一步是检查条件是否满足，如果名称至少包含三个字母，则条件满足，称条件的值为真（true）；否则条件不满足，称条件的值为假（false）。所有的条件的值都必须是两个值中的一种，要么为真，要么为假。这种数据类型称为布尔（boolean）类型。

第二步是根据条件为 true 或为 false 的情况选择要执行哪些代码。有时程序会只有一个选项，当条件为 true 时执行该选项；如果条件为 false，将不执行任何代码。有时会有两个相对的选项，条件为 true 和 false 时分别执行不同的代码。

例如，想让计算机根据一个变量的值是 1、2 或 3 执行三种不同的任务，可以像这样表达：

如果变量的值等于 1，执行命令 A；

如果变量的值等于 2，执行命令 B；

如果变量的值等于 3，执行命令 C。

条件总是建立在比较之上的，你可以比较两个变量的值以判断它们是否相等；或者判断一个是否大于另一个，或是小于另一个。如果变量是字符串类型，你可以比较它们按字典顺序排列时的先后次序。

4．循环

与人不同，计算机很适合做重复性的工作。一件事情仅仅重复几次就可以使人厌倦，但是让计算机重复执行成千上万次都照样有耐心。

循环在每种编程语言中都是一个很重要的部分，ActionScript 语言也不例外。可以指定一条指令执行给定的次数，或者令其执行到满足指定的条件为止。

事实上，条件是循环中的重要组成部分，整个循环只需要一个开始点，一个结束点，再加上一个标志循环结束的条件。

例如，一段程序需要循环 10 次，可以使用一个变量从 0 开始计数。每循环一次，计数加 1。当计数变量累加 10 次时，循环结束，程序继续执行循环以后的部分。下面的内容代表了一个标准的循环结构：

① 循环以前的命令。

② 循环开始，计数变量置 0。

③ 循环中的命令。

④ 计数变量加 1。

⑤ 如果计数变量小于 10，执行步骤③。

⑥ 退出循环。

在上面的步骤中，步骤①只执行 1 次，步骤②表示循环的开始，步骤③、④、⑤都将执行 10 次，当循环结束后，执行步骤⑥及以后的部分。

8.4.4　ActionScript 脚本

在编写自己的脚本时，会用到各种不同的关键字和符号，为便于熟悉脚本的构成，下面列出一个真实的例子。

这是一段作用于按钮的脚本，当用户单击按钮时，确切地说是松开按下的按钮时，执行这段代码。其中没有包含特殊的函数，但是它体现了 ActionScript 的主要结构。

```
on(release){
    var myNumber=7;
    var myString="Flash MX ActionScript";
    for(var i=0;i<myNumber;i++) {
        trace(i);
```

```
        if(i+3==8) {
            trace(myString);
        }
    }
}
```

脚本的第 1 行表明当用户松开按下的按钮时执行大括号中的语句。on (release)结构只能用于按钮，其他相关的几种用法有 on（press）、on（rollOver）、on（rollout）、on（dragOver）、on（dragOut）等。

第 1 行末尾的大括号"{"表示一段相对独立的代码段的开始。从"{"到与之相对的"}"之间的代码是一个整体，它们都从属于按钮的 release 事件。

请注意，大括号之后的代码较第 1 行有一个制表符（按【Tab】键）的缩进，其后的每行代码与之具有相同的缩进程度，直到一个新的大括号开始，在新大括号后的语句会比前面的语句增加一个制表符的缩进，以此类推，这种特点与其他编程语言是类似的。Flash 会自动将添加的代码设置成正确的缩进样式。

代码的第 1 行创建一个名为 myNumber 的局部变量，并将该变量的值设置为 7。下面一行将字符串 Flash MX ActionScript 赋给另一个变量 myString。稍后会更详细的介绍变量的两种类型：局部变量和全局变量。

分号";"表示一条指令的结束，在每个完整指令的末尾都应该添加分号。

for 代表一个循环结构的开始，此处的循环执行 7（myNumber）次，即令 i 从 0 递增到 6，每递增一次便执行一次循环结构中的语句。for 后面大括号中的部分即为循环体。

命令 trace 将它后面括号中的内容发送到输出窗口。8.4.5 小节将详细介绍输出窗口。

if 是一种条件结构，它测试后面的内容 i + 3==8 是否为 true，如果为 true，则执行后面的语句；否则跳过该代码段。

if 结构中只有一个 trace 命令，它将变量 myString 的值发送到输出窗口。

上例脚本以三个反向大括号"}"结束，第一个表示 if 语句的结束，第二个表示 for 语句的结束，第三个表示整个 on（press）段结束。

8.4.5 输出窗口

输出窗口是只在测试 Flash 影片时出现的一个编程工具，Flash 用输出窗口来显示出错信息或其他的一些重要信息。用户可以用 ActionScript 中的 trace 命令自定义要发送到输出窗口中的信息。

输出窗口在测试程序时非常有用。可以使用 trace 命令在输出窗口中显示变量的值或者哪一部分 ActionScript 正在执行。

输出窗口还可以帮助学习 ActionScript。可以编写一些小程序，将信息发送到输出窗口，这里将会看到程序的运行结果。

8.4.6 ActionScript 基本语法

前面介绍了程序的基本结构，下面要讲解 ActionScript 中的基本语法。

1. 变量

（1）设置变量

在 ActionScript 中使用变量的方法很简单，只需要为变量名分配一个值，例如：

```
myVariable=7;
```

　　该例在创建名为 myVariable 的变量的同时将其值设置为 7，可以为变量任意取一个名字，而并不需要使用本例中的 myVariable。

　　可以使用输出窗口查看变量的值，如在一个空白影片的第一帧的动作面板中添加如下 ActionScript：

```
x=7;
trace(x);
```

　　首先，数字 7 被存储在变量 x 中；然后，使用 trace 命令将变量 x 的值发送到输出窗口。影片播放时，输出窗口中会显示数字 7。

　　（2）全局变量

　　根据变量作用的范围不同可将变量分为全局变量和局部变量。

　　全局变量就是可以作用在整个 Flash 影片的所有深度级别上的变量。用户可以在某一帧中设置它，并在其他帧中使用和改变它的值。

　　用户不需要使用特别的方法创建全局变量，像前一个例子一样，用户可以直接设置并使用，它自动成为一个全局变量。

　　在许多编程语言中，全局变量可以在任何地方使用。Flash 影片使用一个概念叫层级（level）。整修影片的主时间轴作为根（root）层级，影片剪辑是时间轴中的小影片。影片剪辑中的图形和脚本要比根层级低一个级别。影片剪辑不能直接使用根层级中的全局变量。

　　（3）局部变量

　　局部变量只能存在于当前脚本中，而在其他帧中将不再存在。可以使用同一个变量名在不同的帧中创建不同的局部变量，它们之间将互不影响。

　　局部变量可用来创建模块化的代码。当前脚本执行完时，局部变量将被从内存中删除；而全局变量将保留到影片结束。

　　创建局部变量需要使用关键字 var。例如，下面的 ActionScript 创建值为 15 的局部变量 myLocalVariable：

```
myLocalVariable=15;
```

　　使用 var 创建局部变量后，在当前代码中就不再需要使用关键字 var 了。例如，下面的代码表示创建值为 20 的局部变量 myLocalVariable，然后将其值改为 8，再发送到输出窗口中。

```
var myLocalVariable=20;
myLocalVariable=8;
trace(myLocalVariable);
```

　　如果没有特殊的需要，请尽量使用局部变量。

　　2．比较

　　在 ActionScript 中比较两个事物是很容易的，要进行比较可以使用标准的数学符号，如=、<、>等。

　　（1）相等

　　在 ActionScript 中用比较运算符对两个值进行比较。

　　要比较两个值是否相等，可以使用连在一起的两个等于符号 "=="。单个等于符号 "=" 是用来为变量赋值的，并不是比较运算符。

　　如果要比较变量 x 的值是否等于 7，就可以使用==符号，如下所示：

```
var x=7;
trace(x==7);
```

以上代码使用=符号将变量 x 设置为 7，然后使用==符号对 x 和 7 进行比较。

测试这两行代码，输出窗口将显示 true。如果将 x 设置为 8 或其他数，则会显示 false。

==符号还可以用来比较两个字符串。如下所示：

```
var(myString="Hello ActionScript.");
trace(myString=="Hello ActionScript.");
trace(myString=="hello ActionScript");
```

程序运行时，将在输出窗口中看到一个 true 和一个 false，因为在字符串中字母是要区分大小写的。

如果要比较两个值是否不等，可以使用 != 符号，它的意思是"不等于"。如下所示：

```
var a=7;
trace(a!=8);
trace(a!=7);
```

第 1 个 trace 语句显示信息 true，因为 a 确实不等于 8；第 2 个 trace 语句显示信息 false。

（2）小于和大于

使用标准的数学符号 < 和 > 比较两数是否成小于或大于关系。举例如下：

```
var a=8;
trace(a<10);
trace(a>5);
trace(a<1);
```

可以从输出窗口中看到 true、true 和 false。

符号<=或>=用于比较一个数是否小于等于或大于等于另一个数，如下所示：

```
var a=8;
trace(a<=8);
trace(a>=8);
trace(a>=7);
```

以上 3 个 trace 语句都将显示 true。

3．运算

通过运算可以改变变量的值。分别使用算术运算符+、-、*、/执行加、减、乘、除操作。

如下所示的 ActionScript 将值为 8 的变量 x 加上一个数 7：

```
var x=8;
x=x+7;
trace(x);
```

运算结果为 15。

在 ActionScript 中执行运算可以使用一些简写方法，如+=运算符将其前后的值相加并将结果赋给它前面的变量。前面的脚本也可以写成如下的形式：

```
var x=8;
x+=7;
trace(x);
```

++运算符与+=运算符类似，但它每执行一次，变量的值只增加 1，如下面的例子：

```
var x=8;
x++;
trace(x);
```

结果显示 9。再看下面的例子：

```
var x=8;
trace(x++);
trace(x);
```

结果是 8 和 9。为什么呢？因为第 1 个 trace 语句输出 x 的当前值 8，然后将 x 加 1，输出 x 的新值 9。

再试一下下面的脚本：

```
var x=8;
trace(++x);
trace(x);
```

这次的结果为两个 9。因为将++运算符置于变量前面，将先执行运算再返回变量的值。

同理，--运算符执行递减操作，-=运算符在变量当前值的基础上减去一个数，*=运算符在变量当前值的基础上乘上一个数，/=运算符在变量当前值的基础上除以一个数。

4．条件

既然现在已经知道如何比较两个变量，就可以将比较结果作为执行某些语句的条件。

（1）if 语句

if 语句可以使用比较结果控制 Flash 影片的播放。如下所示的语句判断 x 是否等于 8，如果比较结果为 true，则让影片跳到第 15 帧：

```
if(x==8) {
    gotoAndPlay(15);
}
```

if 语句以 if 开始，其后紧跟一个比较表达式，比较表达式通常用一对括号括起来，后面是用大括号括起来的当比较结果为 true 时要执行的代码。

（2）else

对 if 语句可以进行扩展，使用 else 执行条件不成立（比较表达式为 false）时的代码，如下所示：

```
if(x==8) {
    gotoAndPlay(15);
} else {
    gotoAndPlay(16);
}
```

可以使用 else if 语句将 if 语句更推进一步，如下所示：

```
if(x==8) {
    gotoAndPlay(15);
} else if(x==10) {
    gotoAndPlay(16);
} else if(x==11) {
    gotoAndPlay(20);
} else {
    gotoAndPlay(25);
}
```

可以让 if 语句无限延长，也可以使用 else if 语句对别的变量进行比较，如下所示：

```
if(x==8) {
```

```
        gotoAndPlay (15);
    } else if (y<20) {
     gotoAndPlay(16);
    } else {
     gotoAndPlay (25);
    }
```

（3）复合比较

可以在一个 if 语句中对几个比较表达式的值进行判断，例如希望在 x 为 8 并且 y 为 20 时跳转到第 10 帧，可以使用如下所示的脚本：

```
if((x==8) && (y==20)) {
    gotoAndPlay (10);
    }
```

逻辑与运算符&&将两个比较表达式连接在一起成为一个复合表达式，当两个表达式的值都为 true 时复合表达式的值才为 true。每个比较表达式都需要添加独立的括号以便 Flash 能正确识别。在 Flash 的早期版本中使用 and 执行逻辑与运算，现在推荐不使用。

可以使用逻辑或运算符 ‖ 将两个比较表达式连接在一起成为一个复合表达式，只要有一个表达式的值为 true，复合表达式的值就为 true。如下所示：

```
if((x==7)||(y==15)) {
    gotoAndPlay(20);
    }
```

在该脚本中，只要 x 为 7 或者 y 为 15，或者两者都成立，结果都是跳转到第 20 帧。只有当两者都不成立时，才不会执行 gotoAndPlay 命令。在 Flash 的早期版本中使用 or 执行逻辑或运算，现在已推荐不使用。

5．循环

ActionScript 中的循环要比 if 语句稍微复杂一点。它的循环结构与 C 语言中的循环结构几乎是一致的。

（1）for 循环结构

for 结构是主要的循环结构，其样式如下所示：

```
for(var i=0;i<10;i++) {
    trace(i);
    }
```

在这段代码中，随着局部变量 i 的改变，输出窗口中将显示数字 0～9。

for 结构中关键字 for 后面的括号中包含三个部分，它们之间用分号隔开。

第一部分声明一个局部变量，在本例中创建了一个局部变量 i 并将其值设置为 0。该部分只在循环体开始执行之前执行一次。

第二部分作为一个供测试的条件，在这里，测试 i 是否小于 10。只要满足该条件，就会反复执行循环体。循环开始的时候 i 等于 0，它是小于 10 的，所以循环得以执行。

第三部分是一个运算表达式，每完成一次循环都将执行该表达式一次。在这里，i 每次递增 1，然后转到第二部分对 i 的新值进行判断。

大括号中的部分是该循环的循环体，每执行一次循环都将执行其中的所有命令。现在来看看计算机是如何处理这个循环的。

声明变量 i 并将其值设为 0；

判断条件 i<10，结果为 true，开始执行循环体；

现在 i 值为 0，trace 命令将 i 值发送到输出窗口，输出窗口显示 0；

第 1 次循环结束，回到循环开始处，i 在原来的基础上递增 1，i 值变为 1；

判断条件 i<10，结果为 true，继续执行循环体；

trace 命令将 i 的值 1 发送到输出窗口；

然后 i 再加 1，这样循环下去直到执行完 10 次循环；

回到循环开始处，i 在原来的基础上递增 1，i 值变为 10；

判断条件 i<10，结果为 false，结束循环，开始执行 for 结构后面的代码。

（2）其他形式的循环结构

for 循环是最常用的一种循环结构，除 for 循环之外还有 while 循环和 do...while 循环。

while 循环的例子如下所示：

```
i=0;
while(i!=10) {
 trace(i);
 i++;
}
```

while 循环看起来要比 for 循环简单一些，从结构上看与 if 语句有一些相似。只要 while 后面括号中的条件成立，循环就会一直进行下去，所以在 while 循环中需要有改变条件的语句，以使条件最终能够满足，完成循环，如（1）中的 i++。

与 while 循环相似的是 do...while 循环，如下所示：

```
i=0;
do{
 trace(i);
 i++;
} while(i!=10);
```

除了测试条件的位置不同，while 循环和 do...while 循环几乎是一样的。while 循环在循环体之前测试条件，do...while 循环在循环体之后测试条件，所以 do...while 循环至少要执行一次，而 while 循环有可能一次也不执行。

（3）跳出循环

所有的循环结构都可以使用两个命令改变循环的执行流程，一个命令是 break，另一个命令是 continue。break 命令终止循环，并跳到循环结构后面的语句处执行；continue 命令终止本轮循环但不跳出循环，进而执行下一轮循环。

使用 break 和 continue 的例子都比较复杂，另外还有一种特殊的 for...in 循环结构。

6．函数

到现在为止，都是将脚本放在影片的第 1 帧中。如果程序相当复杂，再放在同一帧中就使脚本显得过于庞大了。

可以使用函数组织需重用的代码并放在时间轴中，例如：

```
function myFunction(myNum){
    var newNum=myNum+5;
    return newNum;
}
```

函数以关键字 function 开头，function 后面是函数名，与变量名相似，可以为函数命名。

函数名后面的括号容纳该函数的参数，参数是一个变量，它的值在调用该函数时予以指定。一个函数可以有若干参数，也可以没有参数、无论有没有参数，函数名后都应紧跟一对括号。

大括号中的部分是函数体，在函数体中创建了一个局部变量 newNum，将 myNum 加 5 的结果设置为 newNum 的值。如果将 10 作为参数传递给该函数，newNum 的值就是 15。

return 命令仅用于函数中，使用 return 命令可结束一个函数并返回函数值。此处，newNum 是用 return 命令返回的函数值。

使用函数时需要调用，如下所示：

```
var a=myFunction (7);
```

该语句创建一个新的局部变量 a，将 7 作为参数调用函数 myFunction，并将函数返回的结果作为变量 a 的值。

被调用的函数开始运行后创建一个局部变量 myNum，将 7 作为 myNum 的值，然后执行函数体内的代码，使用 return 命令将 newNum 的值 12 返回给函数的调用者，这时 a 的值变为 12。

函数最大的作用体现在它可以重复使用。如下所示的三行代码产生三个不同的结果：

```
trace(myFunction(3));
trace(myFunction(6));
trace(myFunction(8));
```

运行以上代码将得到结果 8、11 和 13。

使用函数还有一个好处就是可以只改变函数中的一处，从而影响所有调用该函数的命令。例如，将函数 myFunction 中的 var newNum=myNum+5 改成 var newNum=myNum+7，上面三个调用该函数命令的结果将变成 10、13 和 15。

7. 点语法

ActionScript 中一个很重要的概念是点语法。点语法是面向对象编程语言中用来组织对象和函数的方法。

假设想求一个数的绝对值，Flash 中有一个内置的绝对值函数，它包含在 ActionScript 的 "对象" | "核心" | "Math" | "方法" 中。要使用绝对值函数，首先要使用对象名即 Math，然后是方法名 abs，它们之间用符号 . 隔开，具体表示方法如下所示：

```
var a=Math.abs(-7);
```

点语法的另一个用途是指定影片剪辑的属性。如下面的语句将影片剪辑 myMC 的_alpha（透明度）属性设置为 50%：

```
myMC._alpha=50;
```

还可以在影片剪辑中使用点语法定位根（root）中的全局变量。如果在主时间轴中创建了一个全局变量 globelVar，而要在影片剪辑中使用这个全局变量，可以使用如下的语句：

```
trace_(root.globleVar);
```

8. 注释

我们可以在 Flash 的动作面板中添加注释，注释是程序中并不参与执行的代码。它可以用来提示某些代码的作用，方便组织和编写脚本。注释的例子如下所示：

```
// 将影片剪辑 myMC 的透明度设置为 50%
myMC._alpha=50;
```

该例的第一行是注释，注释以双斜线//开头，在//后面可以输入任意的文本和符号，Flash 会自动将注释部分用灰色标示。

也可以将注释放在一行代码的后面，如下所示：

```
myMC._alpha=50;  // 将影片剪辑myMC的透明度设置为 50%
```

只要使用//符号，Flash 就会忽略//后面本行的内容。

8.4.7　调试脚本

无论在编写程序时多细心，程序员都必须要调试程序。要学好 ActionScript，就得熟练掌握调试程序的方法。在 Flash MX 中调试程序有三种方法，逻辑推断、向输出窗口发送信息和使用脚本调试器。

1．逻辑推断

许多程序的错误其实很简单也很容易解决，并不需要专门的调试工具。当程序出现错误时，应对错误出现在哪里有一个大致的了解。就算不知道问题出在哪里，但通过细心阅读代码，也可能找到。调试时需要思考以下几点：你要实现的效果是什么？现在的效果与你的设想有多大差距？是什么原因造成了这种差距？修改哪些部分有望改正这种错误？经过反复思考、修改和调试后，对程序的理解就会不断加深，编写的程序也会越来越趋于正确。

没有人会更了解自己的程序，所以对用户来说，编写的程序最先应采用逻辑推断的方法进行调试。如果还有一些错误或漏洞隐藏得比较深，这就需要借助于调试工具来调试。

2．输出窗口

输出窗口是一个简单而实用的调试工具，在程序中可以使用 trace 命令将特定的信息发送到输出窗口中，这些信息可以帮助用户了解代码的运行情况。

8.4.5 节已经介绍过输出窗口，这里就不再赘述了。

3．调试器

调试器是一个专业的调试工具，它是 Flash MX 中的一个窗口，通过调试器可以查看影片中的各种数据以及 ActionScript 代码的运行情况。

选择"控制"|"调试影片"命令或按【Ctrl+Shift+Enter】组合键开始调试影片。与测试影片不同的是，调试影片时增加了一个调试器窗口。调试器窗口中包含很多窗格，在左边的窗格中可以检查 Flash 影片中不同类型的对象，右边的窗格显示影片中所有的 ActionScript。

在调试器窗口中可以设置断点，断点即为某行代码添加的一个标记，当调试影片时，影片会自动在断点处停止，允许用户查看当前包括变量值在内的影片状态。使用断点可以逐行地执行代码，对每行代码的运行结果进行观察和分析。

初学 ActionScript 的时候，可能并不需要使用调试器；但是当成为一名程序员时，会发现调试器非常有用的。

下面用一个例子来说明 Flash 编程操作。

【例8-8】下雨动画的制作。

操作步骤如下：

① 打开 Flash CS3，新建文档。设置文档大小 550×400 像素，帧频设为 30 fps，背景色设为黑色，"属性"面板设置如图 8-61 所示。

图 8-61　下雨效果影片属性设置

② 绘制图形元件"雨滴"。选择"插入"|"新建元件"命令，在弹出的对话框中选择"图形"选项，并命名为"雨滴"。

单击"矩形工具"右下方的箭头，选择"椭圆工具"，将边线颜色设为透明 /，填充颜色设为#CCCCCC，按住【Shift】键绘出一个正圆。

用同样的方法，将边线颜色设为透明 /，填充颜色设为白色，按住【Shift】键绘出一个略小的圆。

将白色的正圆放在灰色的圆之上。选择这两个圆，按【Ctrl+B】组合键将图像打散。绘图过程如图 8-62 所示。

③ 制作雨滴下落的影片剪辑。选择"插入"|"新建元件"命令，在弹出的对话框中选择"影片剪辑"选项，并命名为"雨滴下落"。

图 8-62　绘制雨滴元件

在第 1 帧中将库中的"雨滴"元件导入，利用"任意变形工具"调整到合适大小，如图 8-63 所示。

选中第 30 帧并右击，在弹出的快捷菜单中选择"插入关键帧"命令。将"雨滴"元件移动到靠下的位置，如图 8-64 所示。

在第 1 帧和第 30 帧之间创建运动渐变。

选中第 60 帧并右击，在弹出的快捷菜单中选择"插入关键帧"命令。利用"任意变形工具"□将"雨滴"元件拉长，并设置 Alpha 值为 10%，如图 8-65 所示。

在第 30 帧和第 60 帧之间建立运动补间。

在第 60 帧加帧代码 stop();。

④ 按【Ctrl+L】组合键打开库，选中刚建立的电影剪辑并右击，选择"链接"命令，在弹出的"链接属性"对话框中将标识符设为 drop，并选中"为动作脚本导出"和"在第一帧导出"复选框。

⑤ 返回主场景，选中图层 1 的第 1 帧，按【F9】键打开动作脚本编辑窗口，输入以下代码：

```
function rain(){
    var i=Math.floor(100*Math.random());
    _root.attachMovie("drop","drop"+i,i);
    var a=Math.floor(30* Math.random()+71);
    var b=Math.floor(600* math.random()+41);
    with(_root["drop"+i]){
```

```
            _x=550*Math.random();
            _y=1000*Math.random();
            _xscale=a;
            _yscale=a;
            _alpha=b;
        }
        updateAfterEvent();
    }
    setInterval(rain,20);
```

图 8-63　第 1 帧　　　　　图 8-64　第 30 帧　　　　　图 8-65　第 60 帧

⑥ 注解。

a. function rain (){…}，自定义函数 rain()。

b. var i=Math.floor(100*Math.random());随机产生 0～100 的整数，该整数用于设置所复制雨滴的实例名和层次。

c. 在自定义 rain()函数中进行雨滴的复制，并随机设置所复制的雨滴的 x 坐标、y 坐标、雨滴的 x 轴和 y 轴的等比例随机缩放、透明度。

8.5　在网页中使用 Flash

制作 Flash 动画通常使用 Flash 软件来实现，为了让不会使用或者没有 Flash 软件的设计者也能在网页中加入 Flash 文字或者按钮，Dreamweaver 提供了内置的 Flash 对象，设计者只需要设置一些参数就可以直接使用，因此特别方便。

8.5.1　添加内置的 Flash 对象

1. 使用 Dreamweaver 内置的 Flash 按钮对象

为了使不会使用 Flash 的用户能制作出具有专业效果的 Flash 按钮或者文本，Dreamweaver 内置了制作 Flash 按钮和文本的功能。

Flash 按钮对象可用于定制和插入一系列预先设计的 Flash 按钮。在插入 Flash 按钮或文本之前必须先保存文档。在文档中插入 Flash 按钮，可以进行以下操作：

① 在文档的"设计"视图模式下，选择"插入"|"媒体"|"Flash 按钮"命令，可以在"文档"窗口中拖动 Flash 按钮的图标，这样可以打开"插入 Flash 按钮"对话框，如图 8-66 所示。

② 从"样式"列表框中选择按钮类型。在选择了一个类型后，可以在对话框上方的"范例"选项区域中看到按钮的例子。在"范围"选项区域中不会自动更新按钮文字和字体，但是这些更改可以在"设计"视图中显示出来。

③ 在"按钮文本"文本框中输入按钮上显示的文字。如"学院主页"、"设计"视图中的按钮变成如图 8-67 所示。

④ 在"字体"下拉列表框中选择一种合适的字体。如果计算机中没有默认的按钮字体，则可更换一种其他的字体。

图 8-66　"插入 Flash 按钮"对话框　　　　　图 8-67　Flash 按钮实例

⑤ 在"链接"文本框中输入这个按钮要链接的地址或者文档，与网站相关的链接在这里是无效的，因为浏览器在 Flash 动画中识别不出它们。如果使用文档链接，应确定已经把这个 swf 文件保存在和本文档（HTML）相同的目录下。当然，它是可选的，也可以不输入地址。

⑥ 在"目标"下拉列表框中，为 Flash 按钮制定一个目标框架或者目标窗口，使得单击这个按钮后可以跳转到这个目标。

⑦ 在"背景色"对话框中可设置 Flash 动画的背景色，可以使用颜色选择器或者直接输入 RGB 数值来选择颜色（RGB 是十六进制）。

⑧ 在"另存为"文本框中输入这个新 SWF 文件的名字。可以使用默认的文件名，例如 button1.swf，也可以输入一个新的名字。

⑨ 单击"获得更多样式"按钮可以链接到 Macromedia Exchange 站点，在这个站点上可以下载更多的按钮类型。

⑩ 单击"应用"或者"确定"按钮完成将 Flash 按钮插入的操作。

2. 使用 Dreamweaver 内置的 Flash 文本对象

使用 Flash 文本对象可以创建和插入一个 Flash 影片，这个影片中包含了文本动画效果。它可以创建一个体积小巧和基于矢量图形的动画，并且在动画中可以设置字体和文本内容。在这里介绍的 Flash 文本和 Flash 按钮有很多相同的地方，而且这种 Flash 文本对象也可以像按钮一样使用。

要在文档中插入一个 Flash 文本对象，可以执行以下操作：

① 在文档的"设计"视图模式下，选择"插入"｜"媒体"｜"Flash 文本"命令，可以在"文档"窗口中拖动 Flash 文本的图标，这样可以打开"插入 Flash 文本"对话框，如图 8-68 所示。

② 在"字体"下拉列表框中选择一种合适的字体。如果默认的按钮字体在计算机上找不到，应该换一种其他的字体。

③ 在"大小"文本框中输入文字大小的数值，该数值是像素值。

图 8-68　"插入 Flash 文本"对话框

④ 制定文字的样式，例如粗体、斜体以及文字的对齐方式等。

⑤ 在"颜色"文本框中设置文本的颜色，可以使用颜色选择器或者直接输入 RGB 数值来选择颜色（RGB 是十六进制）。

⑥ 在"转滚颜色"文本框中设置颜色。当鼠标指针划过 Flash 文本对象时，文本就会变成所设置的颜色。可以使用颜色选择器或者直接输入 RGB 数值来选择颜色（RGB 是十六进制）。

⑦ 在"文本"文本框中输入文字。如果要观看字体效果，可以选择"显示字体"复选框。

⑧ 要为文本添加链接，可以在"链接"文本框中输入这个文本要链接的地址或文档。和站点相关的链接在这里是无效的，因为浏览器在 Flash 动画中识别不出它们。如果使用文档链接，应确定已经把这个 SWF 文件保存在和本文档（HTML）相同的目录下。当然，它是可选的，也可以不输入地址。

⑨ 在"目标"下拉列表框中，为 Flash 按钮制定一个目标框架或者目标窗口，使单击这个文本后可以跳转到这个目标窗口。

⑩ 在"背景色"对话框中设置 Flash 动画的背景色，可以使用颜色选择器或者直接输入 RGB 数值来选择颜色（RGB 是十六进制）。

⑪ 在"另存为"文本框中输入这个新 SWF 文件的名字。可以使用默认的文件名，例如 text1.swf，

也可以输入一个新的名字。如果这个文件包含了文档链接，就必须将它保存在与该 HTML 文档相同的目录下以使链接有效。

⑫ 单击"应用"或者"确定"按钮完成将 Flash 文本插入到文档中的操作。

8.5.2　插入 Flash 动画

使用 8.5.1 节介绍的插入 Flash 按钮或者文本虽然方便，但是毕竟不能自由地制作 Flash 动画，因此如果设计师能够使用 Flash 制作出更为丰富的动画效果，就需要把制作好的 Flash 动画文件插入到网页中。

1．插入 Flash 动画的方法

在 Dreamweaver 中，可以很方便地插入 Flash 动画，具体的操作步骤如下：

① 将鼠标光标置于文档中要插入 Flash 动画的地方，选择"插入"|"媒体"|"Flash"命令，然后在弹出的对话框中选择一个 Flash 文件（.swf 文件）。插入的 Flash 动画显示为一个灰色的方框，内含 Flash 标志，如图 8-69 所示。

图 8-69　插入 Flash 动画

② 在文档中选中要插入的动画，然后在"属性"面板中设置它的高度和宽度。如果要观看播放效果，可在"属性"面板中单击"播放"按钮。

③ 按【F12】键，查看运行效果。

2．设置 Flash 对象的属性

在按照上面介绍的步骤给网页加入 Flash 对象之后，用户还可以通过"属性"面板设置 Flash SWF 文件的所有属性。选择"窗口"|"属性"命令，弹出"属性"面板，如图 8-70 所示。

图 8-70　"属性"面板

在属性面板中可以设置下面这些属性。

① 名称。制定用来标识影片以进行脚本撰写的名称。在"属性"面板最左侧的文本框中输入名称。

② 宽和高。制定了对象的宽度和高度，单位为像素。

③ 文件。制定了 Flash 对象的保存路径。单击旁边的文件夹图标可以浏览这个文件所在的位置，或者直接输入一个路径。

④ 编辑。单击该按钮可以弹出"Flash 对象"对话框。

⑤ 重设大小。重置选择的按钮到原始大小。

⑥ "循环"和"自动播放"选项。前者可以让 Flash 影片循环播放，后者让动画在加载完毕后自动播放。

⑦ 垂直边距和水平边距：设置按钮上下左右四周的空白区域的像素值。

⑧ 品质。设置了对象显示质量参数。当参数设置高时，动画的显示效果会更好一些，但是这需要更快的处理器来渲染场景，且速度会减慢一些。选择"低品质"选项将着重考虑速度而牺牲显示质量；而选择"高品质"选项将着重考虑显示质量而对速度有所牺牲。"自动低品质"选项将优先考虑速度，并尽可能地提高显示质量；"自动高品质"将优先考虑显示质量，并尽可能地提高播放速度。

⑨ 比例。设置对象的大小放缩属性，它含有"默认（全部显示）"、"无边框"和"完全匹配"三个选项。

- 默认（全部显示）选项使得整个动画在一个指定的范围内都可见，保持原动画的长宽比例，并在动画两边显示出滚动条；
- "无边框"选项和默认（全部显示）选项很相似，区别是在显示区域的两边不显示滚动条，并且区域外的动画不会显示出来；
- "完全匹配"选项可以将整个动画在一个区域中显示出来，但是不能保证动画原始的长宽比例，也就是说动画可能会变形。

⑩ 对齐。决定了对象在页面中的对齐方式。

⑪ 背景颜色。指定了对象的背景颜色。

⑫ 播放/停止。使用该按钮可以预览"文档"窗口中的 Flash 对象。单击绿色的"播放"按钮可以在播放模式下观看对象；单击红色"停止"按钮可以停止播放动画，并且可以编辑这个对象。

⑬ 参数。打开"参数"对话框来输入附加的参数。

习　题

1. 利用逐帧动画制作一个走路的儿童。
2. 利用画图工具绘制一朵白云，再利用引导线动画制作白云飘动的效果。
3. 利用形状渐变动画制作一个"科技大学"到"天津学院"的形状渐变动画。
4. 利用遮罩动画制作一个淡入/淡出的字幕。
5. 制作一个新年贺卡，要求有图形、图像、动画、歌曲，并同步显示歌词字幕。

第 9 章

网站设计与制作综合实例

本章主要讲解一个网页制作的综合实例，通过"校园跳蚤市场"网站的制作范例，一方面来总结网页制作的技巧，另一方面掌握制作一个网站的工作流程。

9.1 需求分析与界面展示

该实例是一个小型的校园跳蚤市场的网站，该网站的创作来源于校园内二手物品交易的需求。以二手商品为主的电子商务交易平台，可以为同学们提供一个获得商机的渠道，同时也丰富了大学生活。

图 9-1 所示为该网站的首页，页面色调蓝白结合，清新淡雅。整个页面采用表格布局和组织内容，内容丰富、有条不紊。在页面的顶部是网站的 logo、商品搜索表单和几个常用的页面链接。接着下面是导航部分，共有七个导航链接，这表示该网站包括七个板块。本页是网站首页。首页左侧主要包括网上交易登录、商品分类链接、热门商品链接和友情链接区域；首页中间主要包括新品速递、精品推荐和免费派送商品的图片及简略信息介绍区域；首页右侧是最新新闻发布区域；首页底部是版权信息区域。

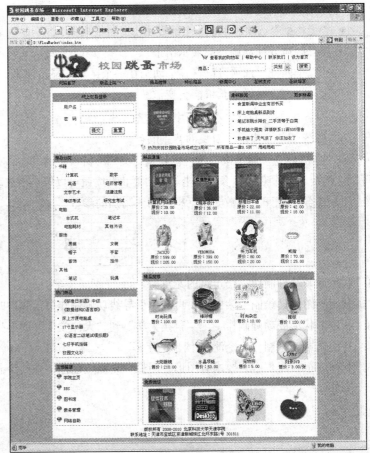

图 9-1 "校园跳蚤市场"首页

9.2　技 术 要 点

在开始制作网页之前，首先明确一些主要技术要点。

1．站点规划

建立一个本地站点设计并制作网页，并且所需素材也分门别类地存入其中。

2．页面属性的设置

通过页面属性的设置，定义页面的标题、文字大小颜色和超链接的颜色。

3．CSS 样式的使用

通过 CSS 样式的使用，改变文字的显示风格和表格的框线风格，使界面更加美观。

4．表格布局

网页通过表格布局，使页面内容合理清晰。

5．JavaScript 脚本的应用

通过 JavaScript 脚本的应用，实现"设为首页"的功能和一些滚动字幕。

6．Flash 宣传图片的制作

将最近商品的图片做成 Flash 分页显示风格，增加页面的图像动态效果。

7．表单的制作

通过使用表单，为用户提供登录窗口和搜索商品的捷径。

8．图像的使用

在商品展示的区域插入图像，使得所有商品信息切实生动。

9.3　网站规划与素材准备

打开 Dreamweaver CS3，执行"站点"│"新建站点"命令，在弹出的对话框中选择"高级"选项卡，新建一个 FleaMarket 站点，本地根文件夹设为"D:\example\ch09\FleaMarket\"，默认图像文件夹设为"D:\example\ch09\FleaMarket\image\"，其他信息不设置，如图 9-2 所示。

在文件面板中，选择已经建立好的站点右击，选择"新建文件"命令，定义首页文件名为index.html。然后，将网页制作中需要使用的图像素材复制到 image 文件夹中，如 logo 图片、商品图片和其他小图片。接着在站点上右击，选择"新建文件夹"命令，定义 Flash 文件使用的文件夹为 flash，如图 9-3 所示。

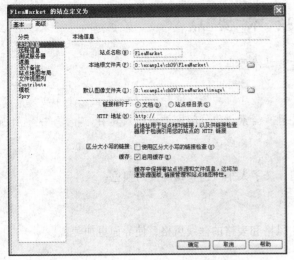

图 9-2　建立"校园跳蚤市场"本地站点　　　　　图 9-3　创建首页文件和文件夹

9.4　网 页 制 作

1. 页面属性的设置

双击 index.html 进入页面的编辑状态，在标题栏输入"校园跳蚤市场"。选择"修改"|"页面属性"命令，弹出"页面属性"对话框。

选择"外观"分类选项，将文本颜色设为黑色（#000000）、背景颜色设为浅蓝色（#66CCFF），页面字体大小设置为 12px，如图 9-4 所示。

选择"链接"分类选项，将链接颜色设为#660066，已访问链接设为#000000，变换图像链接颜色设为#FF0000，活动链接设为#000000，链接下画线样式设为"仅在变换图像时显示下画线"，如图 9-5 所示。

图 9-4　设置页面外观　　　　　　　　　　图 9-5　设置页面链接

2. CSS 样式的设计

本网站页面的 CSS 样式定义在一个名为 style.css 的外部样式表文件中，目的是将该文件中定义的风格应用到本站点的所有页面中，以便对站点的风格进行统一的管理。对 CSS 样式的设计主要有以下方面：

（1）页面中的文字

目前流行的大多数网页文字大小是 12px 的宋体，本网站页面同样采用这种风格。右击 CSS 面板，选择"新建"命令，在"新建 CSS 规则"对话框（见图 9-6）中，选择"标签"选择器类型，body 标签，定义在"（新建样式表文件）"，确定后将此 CSS 样式文件保存为 style.css。将 body 标签的 CSS 样式定义为字体"宋体"、大小"12px"，如图 9-7 所示。

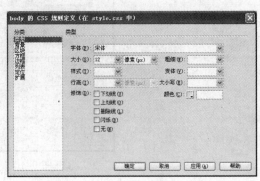

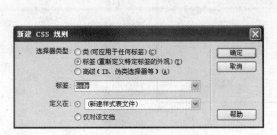

图 9-6 "新建 CSS 规则"对话框　　　　　图 9-7 定义 body 标签的 CSS 样式

（2）表格边框细线

表格有两种用途，一种是纯粹为了布局使用的表格，其边框粗细为 0；另一种是在布局的基础上显示细线风格的表格，可以使用 CSS 样式中的类定义细线边框。在"新建 CSS 规则"对话框中选择"类"选择器类型，名称定义为 xixian，定义在之前创建的 style.css 中（见图 9-8）。在图 9-9 中，将 xixian 类的边框样式定义为上下左右全部为"实线"，宽度为 1 像素，颜色为#6699FF。

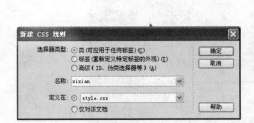

图 9-8 "新建 CSS 规则"对话框　　　　　图 9-9 定义 xixian 类的边框样式

3．制作页面顶部

（1）布局页面顶部

选择"插入"|"表格"命令，弹出"表格"对话框，将表格的行数设为 1，列数设为 2，宽度设为 760 像素，边框粗细、单元格边距和单元格间距均设为 0，如图 9-10 所示。

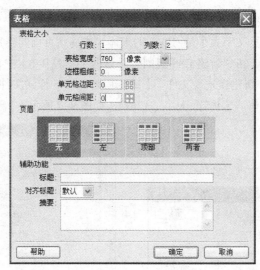

图 9-10　插入顶部表格

　　选中整个表格，在属性面板上设置对齐方式为"居中对齐"，如图 9-11 所示。再选中所有单元格，设置宽度分别为 380 像素。

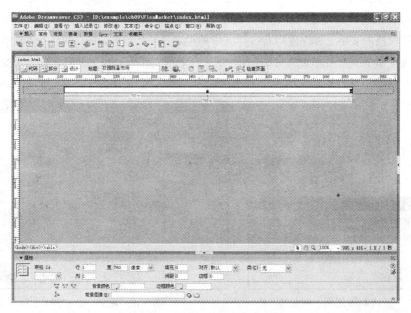

图 9-11　设置顶部表格居中对齐

　　将顶部表格设置为 2 列的目的是左边单元格用于插入 logo 图片，右边单元格用于显示链接文字和搜索商品表单，所以在右边单元格内可以继续用表格布局。将光标停在右边单元格内，选择"插入"丨"表格"命令，插入一个 2 行 1 列的宽度为 380 像素的表格，表格背景颜色设为白色（#FFFFFF），如图 9-12 所示。

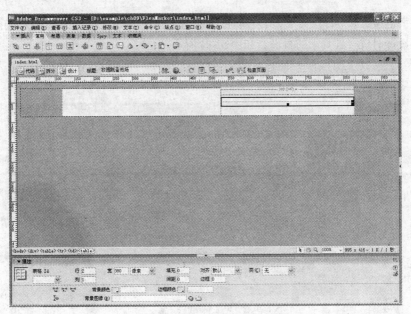

图 9-12　在顶部表格内插入表格

（2）插入 logo 图片

将光标定位在左边的单元格内，选择"插入"|"图像"命令，插入 logo 图片文件 top.jpg，效果如图 9-13 所示。

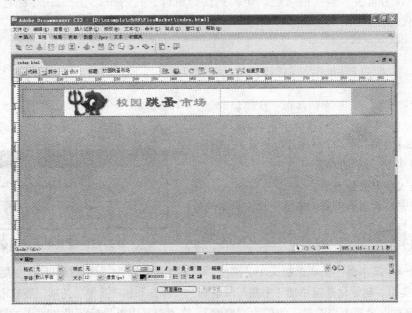

图 9-13　插入顶部图片

（3）制作链接文字

在顶部表格右边单元格内表格的第 1 行，插入图像 shop.jpg，并输入"查看我的购物车 | 帮助中心 | 联系我们 | 设为首页"文字，在属性面板上设置文字居中对齐。用" "空格标识来控制字间距离。

制作文字链接，选中每段文字，在"属性"面板上将其链接地址设置为#，表示链接到此页面，当然可以在设计时链接到真正的页面，如图 9-14 所示。

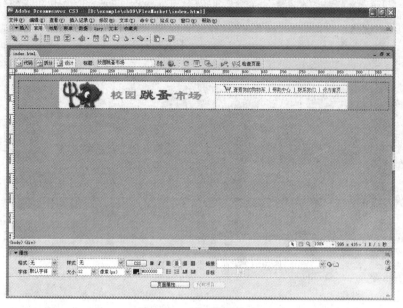

图 9-14　插入链接文字

制作"设为首页"链接的功能，切换到代码窗口，在<script>...</script>标签中添加函数 h(obj,url)，代码如下：

```
function h(obj,url) {
    obj.style.behavior='url(#default#homepage)';
    obj.setHomePage(url);
}
```

修改"设为首页"原来的链接，代码如下：

```
<a href="#" onClick="h(this,'http://www.FleaMarket.com')">设为首页</a>
```

按【F12】键预览页面，单击"设为首页"链接，即弹出如图 9-15 所示的对话框。

（4）插入搜索商品表单

将光标定位在顶部表格右边单元格内表格的第 2 行，选择"插入"|"表单"|"表单"命令，插入一个表单域，向表单域中添加文字"商品:"，在文字右侧添加一个文本域。接着添加文字"类别:"，右侧添加一个"列表/菜单"，在属性面板上选

图 9-15　设置主页的对话框

择"列表"类型，初始化选定添加"书籍"、"电脑"、"服饰"和"其他"几项。最后添加一个"按钮"，在"属性"面板上修改显示的值为"搜索"。搜索商品表单最后效果如图 9-16 所示。

4．制作导航链接

首页页面的导航部分，就是这个站点的几个主要内容的模块，单击每一个模块的链接，就会进入每个模块相应的界面。

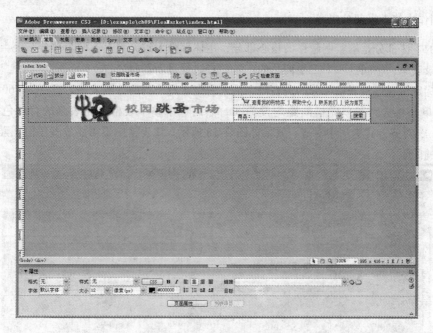

图 9-16　插入搜索商品表单

　　将光标定位在顶部表格的右侧，插入一个 1 行 7 列的表格，宽度为 760 像素，边框粗细、单元格边距和单元格间距均设为 0。选中整个表格，在"属性"面板上，设置表格背景颜色为浅蓝色（#6699FF），居中对齐，单击"将表格宽度转换为像素"按钮，将各个单元格的宽度平均分配为固定宽度。选择所有单元格，将文字对齐方式设为居中对齐。在每个单元格内，分别输入 7 个导航文字，同样将链接地址设为#，如图 9-17 所示。

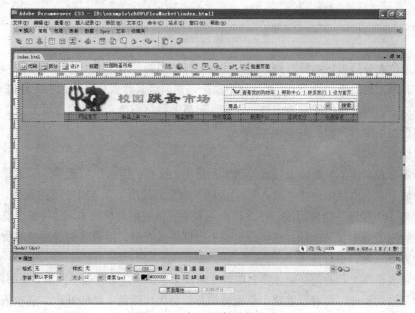

图 9-17　插入导航链接文字

5. 制作主体上半部分内容

页面的主体部分是本实例制作的核心部分，主体部分大致分为上下两个部分。上半部分左边是一个登录表单；中间是一个二手商品的广告；右边是最新新闻公告。

将光标定位在导航表格部分的最右侧，插入一个1行1列的分隔表格，宽度为760像素，边框粗细、单元格边距和单元格间距均设为0，然后选中整个表格，将表格的背景色设为白色（#FFFFFF），对齐方式为居中对齐，效果如图9-18所示。该表格中不需要放置任何元素，仅用于表格之间的间隔。

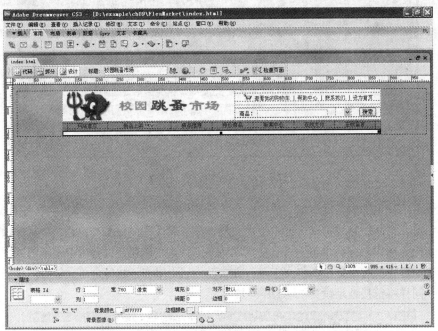

图9-18　插入分隔单元格

将光标定位在分隔表格的最右侧，插入一个1行3列的表格，宽度为760像素，边框粗细、单元格边距和单元格间距均设为0。然后选中整个表格，将其背景色设为白色（#FFFFFF），对齐方式为居中对齐。接着选中所有单元格，在属性面板上将每个单元格的宽度设为253像素，将文字对齐方式设为居中对齐，效果如9-19所示。

（1）制作登录表单

将光标定位在主体上半部分表格的左侧单元格中，选择"插入"|"表单"|"表单"命令，插入一个表单域。在表单域中选择"插入"|"表格"命令，插入一个4行2列的表格，宽度为240像素，高度为103像素，边框粗细、单元格边距和单元格间距均设为0。然后选中整个表格，在属性面板上应用CSS样式xixian，这样产生一个边框细线表格，接着选中表格中的所有单元格，设置文字对齐方式为居中对齐。

选中登录表格第1行的两个单元格，在属性面板上单击"合并所选单元格，使用跨度"按钮，实现合并单元格的操作，接着设置这个单元格的背景色为浅蓝色（#6699FF）。选中表格左边的3个单元格，在属性面板上设置宽度为70像素，效果如图9-20所示。

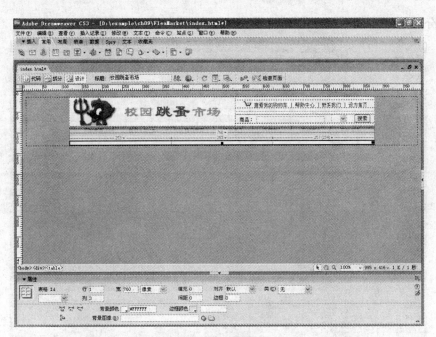

图 9-19　设置主体上半部分表格背景色和单元格宽度

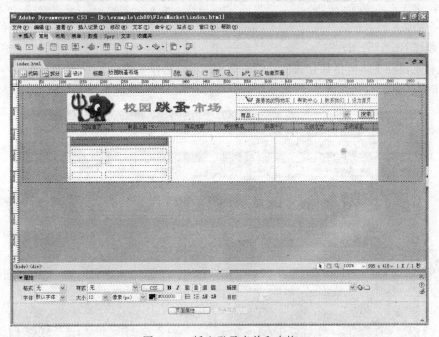

图 9-20　插入登录表单和表格

将光标定位在第 1 行单元格内，输入文字"网上交易登录"，在第 2 行第 1 列和第 3 行第 1 列单元格内分别输入文字"用户名"和"密码"。接着在"用户名"文字右侧单元格（第 2 行第 2 列）内选择"插入"|"表单"|"文本域"命令，插入一个文本域，将其字符宽度设为 10。同样在"密码"文字右侧单元格（第 3 行第 2 列）插入一个文本域，长度也设为 10，并将文本域的类型设为"密码"。最后，在表格第 4 行第 2 列选择"插入"|"表单"|"按钮"命令，插入两个按

钮，其值分别为"提交"和"重置"，登录界面最后效果如图 9-21 所示。

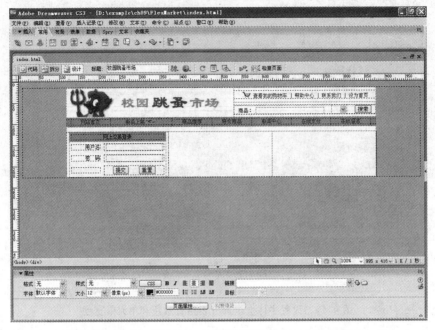

图 9-21　登录表单效果

（2）制作 GIF 广告图片

将光标定位在主体上半部分表格的中间单元格中，选择"插入"|"图像"命令，插入两幅 GIF 动画广告图片，效果如图 9-22 所示。

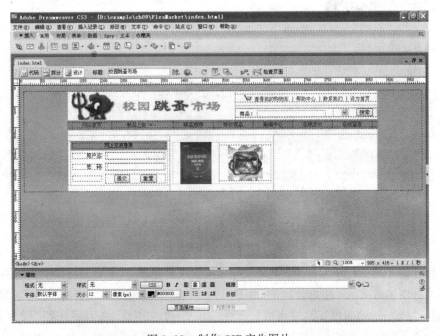

图 9-22　制作 GIF 广告图片

（3）制作最新新闻

将光标定位在主体上半部分表格的右侧单元格中，选择"插入"｜"表格"命令，插入一个 6 行 1 列的表格，宽度为 240 像素，高度为 103 像素，边框粗细、单元格边距和单元格间距均设为 0。然后选中整个表格，在属性面板上应用 CSS 样式 xixian，这样产生一个边框细线表格。

选中该表格第 1 行单元格，在属性面板上单击"拆分单元格为行或列"按钮，弹出如图 9-23 所示的"拆分单元格"对话框。设置把单元格拆分为 2 列，实现拆分单元格的操作。接着设置这两个拆分后的单元格背景色为浅蓝色（#6699FF），效果如图 9-24 所示。

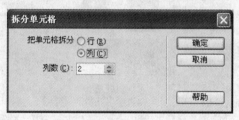

图 9-23 "拆分单元格"对话框

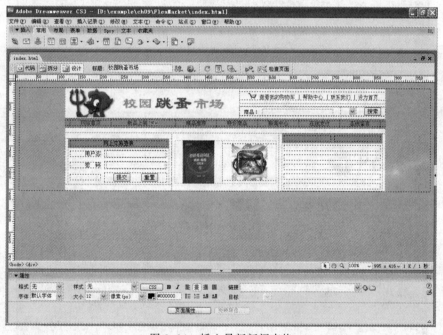

图 9-24 插入最新新闻表格

将光标定位在第 1 行第 1 列单元格内，输入文字"最新新闻"；在第 1 行第 2 列单元格内，输入文字"更多新闻"，设置对齐方式为右对齐，将链接地址设为"#"。在接下来的五行中输入五条新闻信息，也将它们的链接地址设为"#"。最新新闻最后效果如图 9-25 所示。

（4）制作滚动公告

将光标定位在主体上半部分表格的最右侧，插入一个 1 行 1 列的表格，宽度为 760 像素，边框粗细、单元格边距和单元格间距均设为 0。然后选中整个表格，将其背景色设为白色（#FFFFFF），对齐方式为居中对齐。将光标定位在单元格内，插入滚动广告小图片和广告文字，效果如图 9-26 所示。

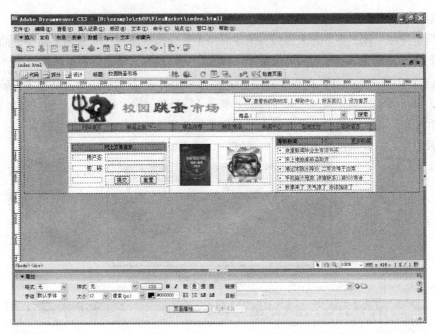

图 9-25　最新新闻效果

图 9-26　滚动广告效果

接下来为这段文字制作滚动字幕效果，首先将光标定位在广告小图片的左侧，切换到代码窗口，为广告添加滚动代码，代码如下：

```
<marquee behavior="scroll" direction="left"
    onmousemove="this.stop()" onmouseout="this.start()">
<img src="image/Hein007.jpg" width="15" height="15" />热烈庆祝校园跳蚤市场
成立3周年~~~ 所有商品一律8.5折~~ 甩啦甩啦~~~
</marquee>
```

6. 制作主体下半部分内容

　　页面下半部分分为左右两侧，左侧包括商品分类、热门商品和友情链接；右侧包括新品速递、精品推荐和免费派送。

　　将光标定位在滚动广告表格的最右侧，插入一个 1 行 2 列的表格，宽度为 760 像素，边框粗细、单元格边距和单元格间距均设为 0。然后选中整个表格，将其背景色设为白色（#FFFFFF），对齐方式为居中对齐。接着选中所有单元格，在属性面板上将文字对齐方式设为居中对齐。然后选中左侧单元格，将单元格宽度设为 253 像素，效果如图 9-27 所示。

图 9-27　插入主体下半部分内容表格

（1）制作商品分类

　　将光标定位在左侧单元格内，插入一个 15 行 2 列的表格，宽度为 240 像素，高度为 360 像素，边框粗细设为 1，单元格边距和单元格间距均设为 0。然后选中整个表格，在属性面板上应用 CSS 样式 xixian，这样产生一个边框细线表格。接着选中所有单元格，设置边框颜色为 "#F4F5F7"。

　　选中表格第 1 行的两个单元格，在属性面板上单击 "合并所选单元格，使用跨度" 按钮，实现合并单元格的操作，接着设置这个单元格的背景色为浅蓝色（#6699FF）。同样将第 2 行、第 7 行、第 10 行以及第 14 行合并单元格，设置这几行的文字对齐方式为左对齐，设置其他行内的单元格文字对齐方式为居中对齐，效果如图 9-28 所示。

　　在商品分类表格的单元格内添入商品分类文字信息，插入必要小图片，给链接文字添加链接地址 "#"，最后效果如图 9-29 所示。

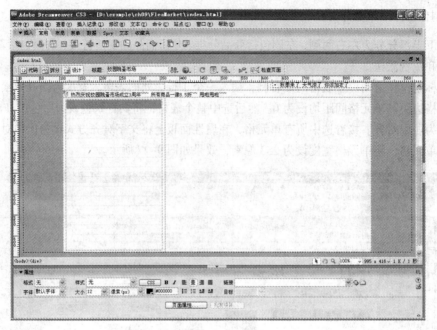

图 9-28　插入商品分类表格

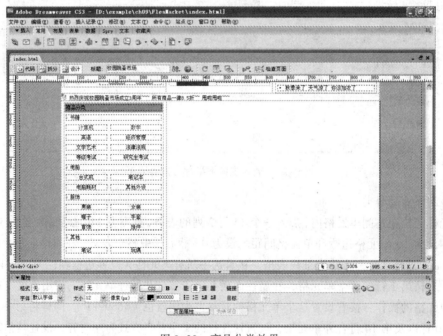

图 9-29　商品分类效果

（2）制作热门商品和友情链接

　　热门商品和友情链接的制作方法和最新新闻类似，这里不再重复，热门商品栏插入表格的尺寸为 240×183 像素，友情链接栏插入表格尺寸为 240×160 像素，表格间间隔通过插入一个 1 行 1 列的宽度为 240 像素的表格形成。效果如图 9-30 所示。

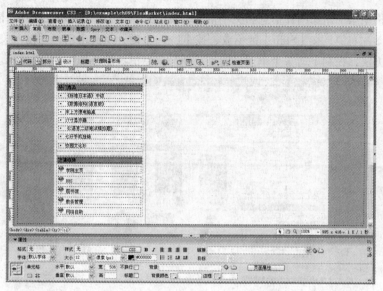

图 9-30 热门商品和友情链接效果

（3）制作新品速递

将光标定位在主体下半部分表格右侧单元格内，插入一个 3 行 4 列的表格，宽度为 496 像素，边框粗细设为 1，单元格边距和单元格间距均设为 0。然后选中整个表格，在属性面板上应用 CSS 样式 xixian，这样产生一个边框细线表格。接着选中所有单元格，设置宽度为 128 像素，边框颜色为 "#F4F5F7"，文字对齐方式为居中对齐。

选中第 1 行两个单元格，在属性面板上单击"合并所选单元格，使用跨度"按钮，实现合并单元格的操作，接着设置这个单元格的背景色为浅蓝色（#6699FF），文字对齐方式为左对齐，输入文字"新品速递"，效果如图 9-31 所示。

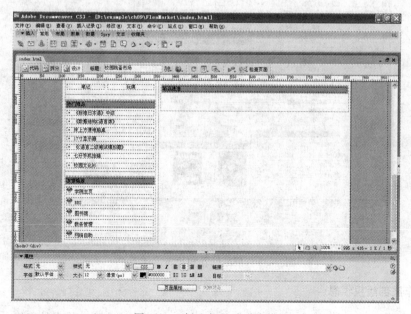

图 9-31 插入新品速递表格

接着在表格中添加新品图片信息和文字信息，如：在第 2 行第 1 列单元格中，插入商品图片，接着光标停在图片右侧，按【Shift】键不放，按【Enter】键开始一个新行，输入关于该商品的文字信息。按此方法，在剩下的 7 个单元格内完成新品信息的添加，如图 9-32 所示。

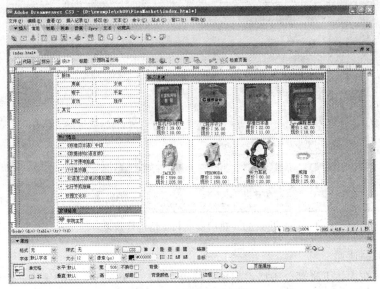

图 9-32　新品速递效果

（4）制作精品推荐和免费派送

精品推荐和免费派送栏的制作方法和最新新闻类似，这里不再重复，各个表格之间用 1 行 1 列的宽度为 496 像素的表格隔开，效果如图 9-33 所示。

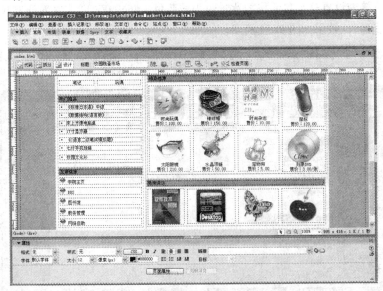

图 9-33　精品推荐和免费派送效果

7．制作底部版权信息

将光标定位在主体表格的最右端，插入一个 1 行 1 列，宽度为 760 像素的表格，边框粗细、单元格边距和单元格间距均设为 0，选中整个表格，设置居中对齐。将光标定位在单元格内，设置文字对齐方式为居中对齐，输入版权信息，如图 9-34 所示。

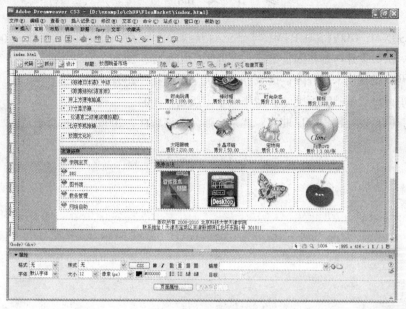

图 9-34 底部版权信息

9.5 网 页 测 试

制作好站点中的所有页面后，首先要对整个网站进行测试。测试最基本的方法是在 Dreamweaver 中打开站点首页，然后按【F12】键预览页面，在浏览器中测试每一个页面，看内容是否能正确显示，尤其是要测试超链接是否能正确工作。

确保整个站点能正确工作之后，为进一步测试超链接的正确性，可以使用以下方法：将整个站点目录复制到另一个位置，然后在浏览器中打开站点首页，测试是否所有的超链接都能正确工作。使用这种方法能够检测出使用绝对路径创建出的不正确的超链接。如果存在无法正确跳转的超链接，应回到原来的站点中，打开相应页面重新设置超链接。

为了确保不同的浏览者能够看到一致的页面效果，制作好的网站还应在不同的显示分辨率下进行测试，至少要在 800×600 像素和 1 027×768 像素两种分辨率下进行测试。另外，还需要在不同字体大小下进行测试（即在"大字体"和"小字体"两种方式下测试），以确保不同字体设置的浏览者能够看到一致的效果。测试完成之后，就可以将网站上传发布。

习 题

1. 制作一个网上订餐系统。
2. 制作一个班级新闻发布系统。
3. 制作一个个人网站。
4. 制作一个宠物信息网站。

参 考 文 献

[1]　MORRISON M，OLIVER D. HTML 与 CSS 入门经典[M]. 北京：人民邮电出版社，2007.

[2]　杨国梁. 网页设计与制作[M]. 北京：北京大学出版社，2006.

[3]　严争. 网页设计技术教程[M]. 北京：清华大学出版社，2004.

[4]　徐帆. 平面设计基础[M]. 北京：清华大学出版社，2004.

[5]　张月玲. 网页设计教程[M]. 北京：北京交通大学出版社，2006.